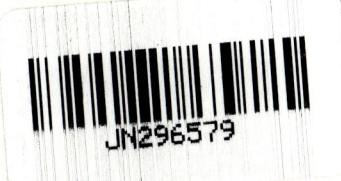

多自然型水辺空間の創造

―生きとし生けるものにやさしい川づくり―

富野　章　著

信山社
サイテック

はじめに

「みずべ」ほど魅惑に満ちた言葉はない。

私は幾度か欧州を訪れ、いつも欣喜雀躍として早暁から深更に至るまで多くの国の“みずべ”を見つめ続けてきた。

写真という動かぬ枠の中に切り取られたものでなく、天地四周に広がる風景の中に立ち、私がこの足で踏みしめた河岸、直接この手で触れた川の水、この耳で聴いたせせらぎとプラタナスの乾いた朽ち葉の音。この体全体で感じた欧州の“みずべ”は、今更のように新鮮に、そして強烈な印象を与え続け、私は多分一生これを忘れない。

ゆるやかな起伏を描く広闊な牧野を、あるいは氷河で深く削られた渓谷を曲流する蒼茫たるラインとドナウの大河。一掴みの森と、天空を突き上げる教会の尖塔と、花飾りのある古い家々が寄り集う美しい聚落を縫って流れるスイス、オーストリア、ドイツの小川。私が見得たものは無論僅かにすぎないが、どの川も夢のように美しかった。しかも、これらすべてが200年前より再生された自然なのである。

欧州では産業革命により森が消え、戦争により都市は破壊し尽くされた。人々は瓦礫の一つ一つを積み重ねて建物を復元し、樹一本、石一つから育てあげてコンクリート水路を緑の“みずべ”として蘇らせている。これらの河川再生にあたって、植生を中心とした多自然型川づくりは多くの興味ある示唆に富んでおり、特に生態系の保全と創出に関わる理念、そしてそれらを遂行して行く情熱には心惹かれるものがある。

多自然型川づくりは、河状係数、改修率をはじめ、河川をとり囲む自然・社会条件が著しく厳しい条件にある日本で、そのまま持ち込むことは出来ないが、治水の安全度を損なうことなく、様々な方策を試み、貴重な経験を少しでも活かしていきたいと考えている。

思えば、清冽な水の流れ、生物の多様性と植物の復元力、広大な高水敷、多彩な地形と明確な四季の風景など、自然の恵みと素材は、むしろ欧州より日本の方が遙かに豊かでもある。川の国、日本。ふるさとの川のすべてを安全で美しい川に再生し、次の世代へ譲り渡していきたい。

そのために、まず勇気を持って浅畑川の「多自然型川づくり」に取り組みたいと思う。

本書は、範とすべきヨーロッパの「多自然型川づくり」の現状、及びこれと酷似する自然と生きものにやさしかったかつての日本の伝統的河川工法の再生、そして浅畑川での植生による多自然型川づくりの実施例を紹介する。

「多自然型川づくり」については、多くの技術者がさまざまな壁にぶつかりながらも、新しい川づくりの挑戦を重ねつつある。このささやかな冊子が、その一端を担うことができれば、これに勝る幸せはない。

2001年盛夏

富野　章

目　　次

I

多自然型川づくり導入の検討課題

近年、わが国は目覚ましい経済発展を遂げ、人々の意識は量的な豊かさの追求から、潤いやゆとりを求める質的な豊かさに変化してきた。まちづくりにおいても、水と緑のオープンスペースを持つ川を軸とし、治水的な安全のみならず、景観、親水、歴史や文化に配慮し、とりわけ生きとし生けるものにやさしい川づくりが希求されている。

ヨーロッパでは、多くの河川で洪水対策が積極的に進められた反面、直線的な河道やコンクリート護岸、あるいは水路の三面張、暗渠化が図られ、水質の悪化とも相まって、河川は憂慮すべき状況にあった。この障害を打破し、多様な生物の生息空間としての自然豊かな河川を取り戻すために、1970年代、ドイツ、オーストリア、スイスの各国でほぼ同時に検討されはじめたのが「近自然型川づくり」である。

人間の生活と調和し、生き物にやさしい「川らしい川づくり」を目標に、ドイツの「自然保護及び景観保全に関する法律」等の制定に代表される法制度と、土木技術者のみならず、景観、生態学など多くの関連分野の人々と共同調査、研究、事業を実施してゆく体制を生み出し、単なる自然保護ではなく良好な水循環と、水と緑をネットワーク化した生態系など、積極的な自然再生を目指している。

この川づくり（Wasser. ban）には「近自然」（Naturnahe）と、「多自然」（Mehr Natue）という二つの呼び方があり、最近では後者の方がよく使わ

れる。しかし、この「多」というのは自然が多いという意味ではなく、自然の多様性を指しているように思う。人間は神ならぬ身、自然そのものを創り出すことは出来ない。しかし、少しでも自然に近づけ、自然に戻る手助けを行うことは出来る。自然と人が織りなす美しい共存空間。この自然自身から学んでいくという謙虚な姿勢が好きである。

いずれにしても、これらの思想や技術手法をわが国に適用するにあたっては、ヨーロッパと異なる厳しい自然、地形条件、あるいは氾濫区域内への著しい人口、資産の集中などの日本の国情に即した工法の選定と、かつてわが国で行われていた先人達の伝統的河川工法の見直しなども勘案しつつ積極的に推し進めたい。川における「緑の確保」を景観上ばかりでなく、『生きものに対する思いやりと種の保存』としてとらえたい。

欧米と日本の河川事情

1. ヨーロッパと日本の洪水

日本は雨の国。世界でも有数の多雨地帯に属し、年間1,800mm、世界平均の2倍もの雨が降る。しかも、梅雨期や台風の季節に集中し、ヨーロッパの飼いならされたような川に比べ、十倍以上という猛烈な洪水が、急峻な脆弱な山地から通常流量の数十倍という破壊力を以て一挙に襲いかかってくるのである。つまり、ライン川（ケルン）16、ドナウ川（ノイブルク）17という河状係数に対し、富士川（鰍沢）400、利根川（栗橋）850であり、洪水の比流量もヨーロッパでは0.1～1$m^3/s/km^2$に比べ、日本で

● わが国と欧米の主要な河川

国名	日本				アメリカ合衆国				ヨーロッパ（東欧を除く）			
No	河川名	流域面積(km²)	流路延長(km)	主要都市	河川名	流域面積(km²)	流路延長(km)	主要都市	河川名	流域面積(km²)	流路延長(km)	主要都市
1	利根川	16,840	322	高崎・前橋	ミシシッピ川	3,221,000	6,021	ニューオルリンズ セントルイス	ライン川	224,000	1,320	アムステルダム デュッセルドルフ
2	石狩川	14,330	268	旭川・札幌	コロラド川	667,500	2,334	ラスベガス	ロアール川	121,000	1,020	ナント
3	信濃川	11,900	367	長野・新潟	コロンビア川	610,900	1,954	ポートランド	ローヌ川	99,000	810	リヨン マルセイユ
4	北上川	10,150	249	盛岡	リオグランデ川	20,700	3,030	エルパソ	セーヌ川	77,000	776	パリ
5	木曽川	9,100	227	岐阜	ブラゾス川	114,000	1,947	ウェコ	ポー川	74,970	655	ミラノ トリノ
6	十勝川	8,400	156	十勝	コロラド川(テキサス)	107,000	1,352	オースチン	ガロンヌ川	56,000	580	ボルドー
7	淀川	8,240	144	京都・大阪	サクラメント川	85,000	615	サクラメント サンフランシスコ	ティベール川	17,168	405	ローマ
8	阿賀野川	7,710	210	会津若松	アラバマ川	57,000	1,028	バーミンガム	アディジェ川	12,200	410	トレント ベローナ
9	最上川	7,040	299	山形・酒田	トリニティ川	44,500	1,151	ダラス	テームズ川	9,950	239	ロンドン
10	天塩川	5,590	256	天塩	ニュエーセス川	43,100	544	コーパスクリスチー	セバーン川	9,900	225	バーミンガム

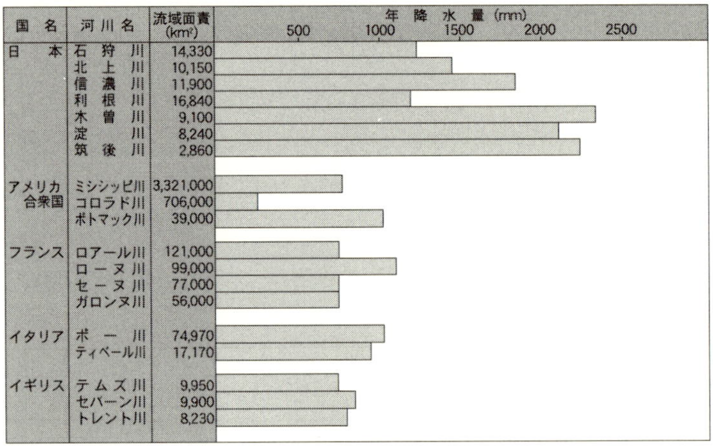

● **わが国と外国の主要河川の流域平均年降水量**（国土交通省河川局資料．The Water En-cyclopedia等より）

は10～20m^3/s/km^{2}という大きさなのである。

従って、ヨーロッパ型の多自然型工法を採用するにあたっては、この烈しい洪水に如何にして立ち向かってゆくか、植生護岸の強度及び安全性については十分な検討が必要である。多自然型川づくりを進めるにあたって最も重要な絶対条件は、「治水上の問題が解決されていること」と「水自体が綺麗なこと」の二つであり、ヨーロッパといえども例外ではなかった。

河川堤防や高水敷における高木植栽や河岸の灌木、草本類等が洪水流に与える影響、蛇行流路及び複断面水路に対する水理検討や模型実験などは、ドイツのアーヘン工科大学やコブレンツ・ドイツ連邦河川研究所で、既に十数年の基礎研究を積み重ねた成果があってこその「多自然型川づくり」の採用であり、センチメンタルな郷愁や生態系のみからの検討では、足下をすくわれることになりかねない。

「生きものにやさしい川」という耳ざわりの良い言葉や、環境問題だけを唱えているだけが正義ではない。最も基本的な水理検討はきちんと整理しておくべき問題であり、「多自然型川づくり」でも片時も忘れてはならない土木技術者の根源を成すものである。

ヨーロッパの都市が外敵より城壁で守られているように、日本の都市は猛々しい川から堤防によって守られている。日本の河川整備は、かつては一国の安危にもかかわっていた。よしんば、どんな批判を受けようとも生命と財産を守る分厚い鎧を着せざるを得なかった。失敗は決して許されないのである。あくまで、流速等の外力に応じた河岸保護工など十全な施設が必要であることは論を待たない。

しかし、治水整備の現況をみると、フランスのセーヌ川は100年に一度の洪水確率に対する整備が1988年には完成。イギリスのテームズ川では1,000年に一度の洪水に対しても安全な整備が1983年に完成。オランダは何と10,000年に1回の高潮に対する整備を1985年に完成。スイス、ドイツなどでも100年確率の洪水に対する河川改修は概成状況にあるのに比し、わが国の河川の整備状況は、当面の目標とする時間雨量50mm（五年に一度発生する降雨）に対する整備率ですら、45％（平成12年度末）に過ぎず、土砂災害対策整備率も20％余にとどまっている。

従って、頻発する水害による被害は、火災の5倍、地震の200倍にも達し、河川整備により浸水面積は減少しているのにもかかわらず、増え続ける河川氾濫区域内の人口、資産のため被害額は増大傾向にあり、今なお全国いたる都市で慢性的な浸水に悩まされているのである。

「水害列島日本」。私達が「多自然型川づくり」を進める場合に忘れてはならないキーワードの一つであり、そのために制約を受ける場合も多々ある。だからといって、「多自然型川づくり」に桎梏を与えるものではなく、これまで進められてきた「いかに効率よく治水施設の整備を進めるか」からより視野を広げ、治水機能のみならず、同時に自然の保全と創出、景観、歴史、文化、なかんずく生態系を次の世代に継承してゆく、「何をどうつくるべきか」という考察を附加した、より質の高い川づくりが求められているのである。

河川改修は、その時代それぞれの社会的要請により形を変えてきた。しかし、治水を最大の目的としながらもそれが全てではない。同じように、川の本来持っている潤いある自然景観と詩情豊かな自然の生態系を再生し

● **わが国の堤防は、外国の堤防に比べはるかに多くの人命と財産をまもってる.**
（国土交通省河川局資料、米国陸軍工兵隊資料及びロアール川流域財務庁資料より）

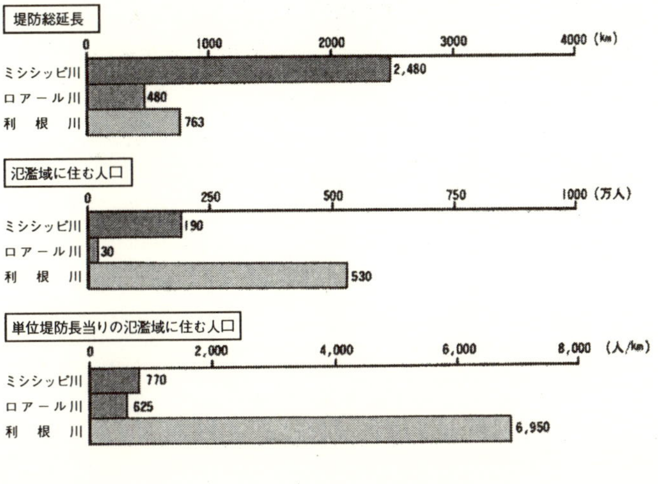

つつ、洪水を防御する河川整備手法を私達は学ばねばならない筈である。その姿を21世紀に思いを巡らせば、水と緑を標榜する森のような堤防にこそ一幅の絵であり、求めるべき姿であろう。これはまた、私達が先人から引き継いできた川の姿でもある。

今こそ、卓越した土木技術のみならず、あらゆる人知を尽し、強さをその内に秘めた美しい堤防が望まれる。醜い治水施設はもう願い下げである。

● 主要河川の勾配

代表的な急流河川安倍川は、多くの土砂をともない、3,000m級の高峰から一気に太平洋に注いでいる．日本最大の流域面積を持つ利根川ですら、諸外国の河川に比し流路が短く、かつ急勾配である．

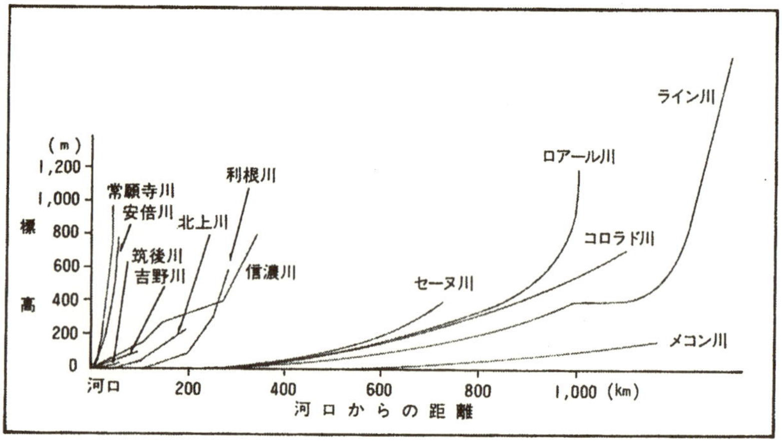

● 河川は流域面積が小さいわりには洪水流量が大きい（実績洪水）

わが国の河川は流域勾配がきつく、しかも前線や台風などによる集中豪雨をうけやすいために、流域面積のわりに洪水のピーク流量は大きい．

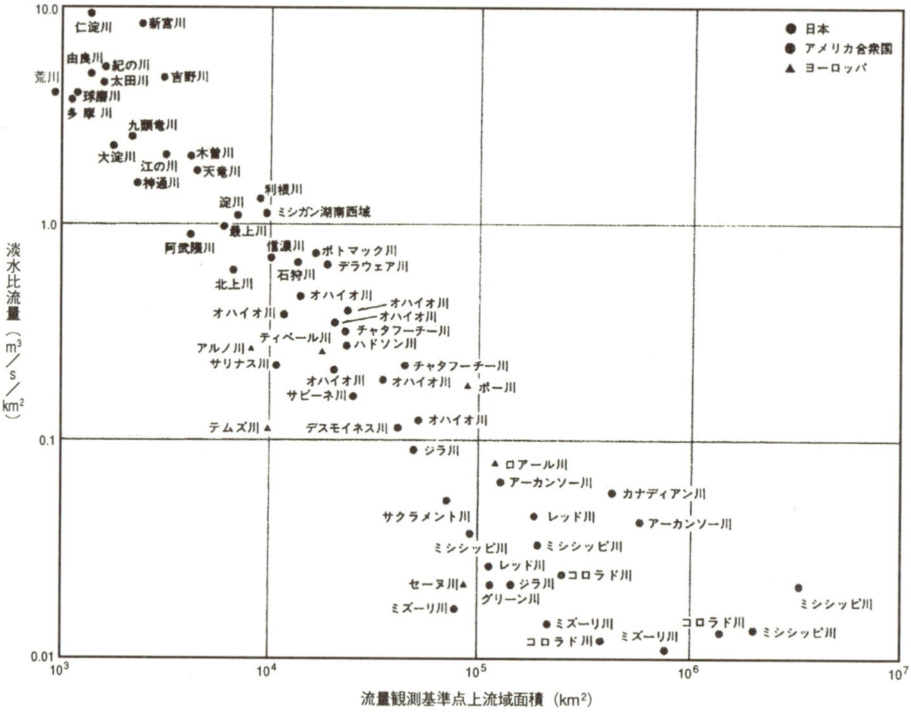

● 洪水継続時間

わが国の洪水は継続時間が短いわりに最大流量が大きいシャープな形を呈している．ミシシッピ川の洪水は200日にも及ぶ．

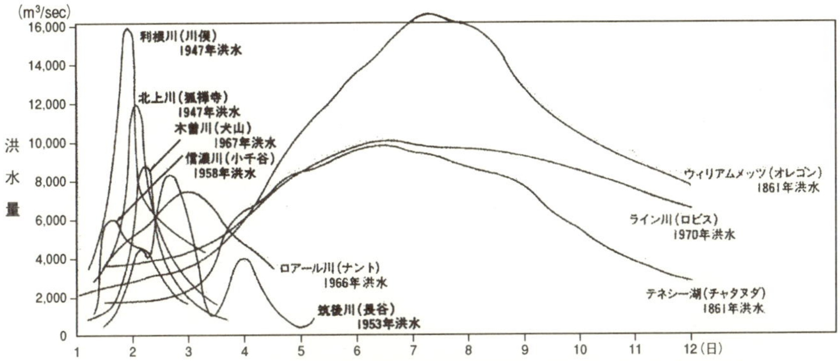

● 洪水時の状況（ライン川）

洪水時のライン川．1991年12月23日．場所は全く同じ地点．既に夕方．洪水はうねり高く、既に護岸天端1mに迫っている．係船用ブイに乗っての必死の撮影である．

1990年10月22日のライン川．ラインクルーズの下船街ザンクト・ゴア・ハウゼンにて．手前に日本の国旗が見える．護岸は景観を考慮して自然石張り．護床根固工は捨石．

● ヨーロッパ型河川の特定

ローレライの岩．山頂から見たライン川（下流方向）．

削流して流れるライン川の上は広闊な洪積台地が果てしなく続いている．氾濫原は左岸側の山裾にしか過ぎない．

2. わが国の河川流域内人口と資産及び整備状況

日本は瑞穂の国。苛酷な気象条件に加え、わが国の河川は流路が短く勾配が急である。もともと洪水の発生しやすい自然条件にあるにもかかわらず、稲作を中心とする農耕を生活基盤とするため、水と関わりの深い氾濫域に生活が営まれ、過去多くの甚大な水害を蒙ってきた。都市化の進展により、現在は平地部の3分の1を占める洪水の氾濫区域内に全資産の７割、総人口の半分以上が集中している。

一旦破堤すれば、洪水流はとめどなく流出し、膨大な財産と貴重な生命に悲惨かつ甚大な被害を与えることになる。したがった、洪水氾濫の繰り返しで形成された沖積平野を防御するためには、強固で長大な堤防が必要である。

一方、ヨーロッパの河川は隆起した洪積平野を削流する堀込河道であり、たとえ洪水で流出したとしても、その氾濫は一定区域にとどまり、かつ氾濫区域内の人口はわが国に比較して桁違いに小さい。狩猟や牧畜を生業にしていた生活により、洪水が氾濫しない高台に都市が発展したのである。

二度目にライン川を訪れた時、高水敷が水没し、濁流の一部は街を洗っ

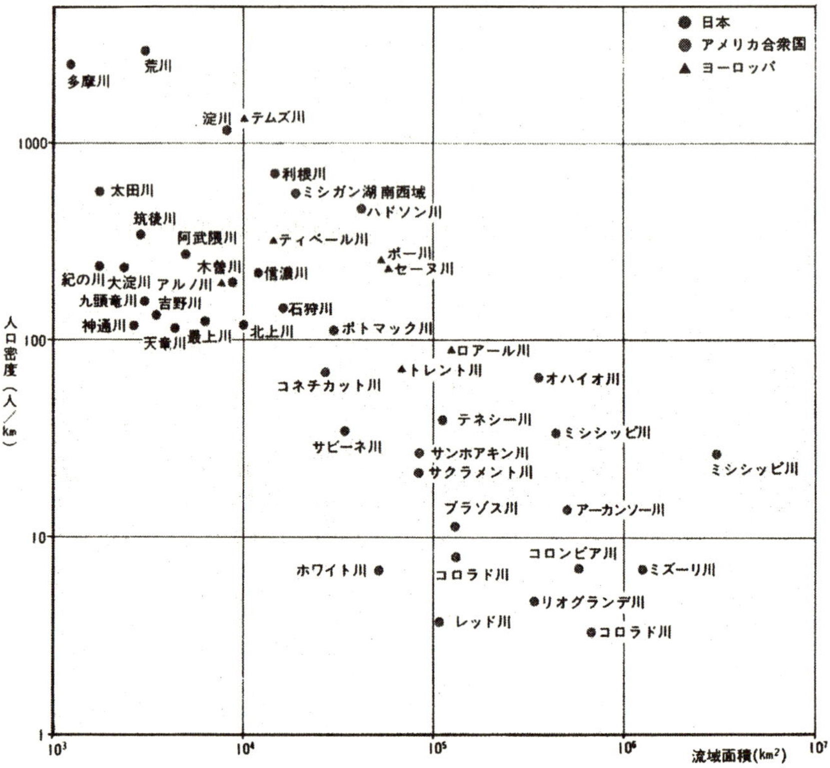

● 各河川の流域内人口密度
（国土交通省河川局資料、米国水資源審議会資料等より）

わが国は氾濫域内に人口、資産が集中している．各河川の流域内人口密度は非常に高く、かつその多くの人々が氾濫域である沖積平野で生活している．欧米では氾濫域内の人口はきわめて少なく、わが国と比較して桁違いに小さい．

●安倍川と巴川との高さの差

日本最大級の急流河川安倍川は、静岡市街地の最も高い位置を「天井川」として流下しており、巴川と比べた河床の差は概ね20m、浅畑低地北方では40mにも及ぶ．もし破堤すればその計り知れない破壊力は、静岡、清水両市街地のほぼ全域に達する．

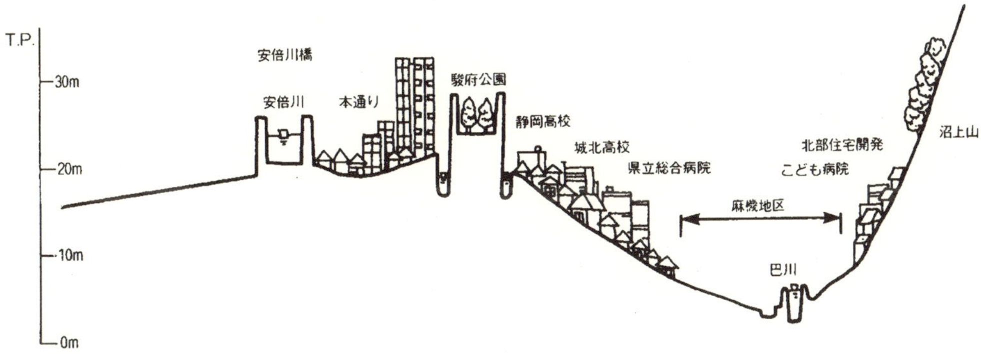

安部川と巴川の高さはこんなに違う．

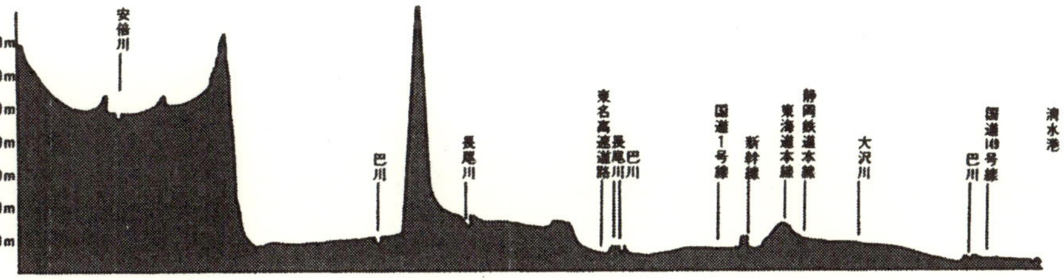

（静岡県静岡土木事務所作成資料）

●諸外国に比較しても水害の多い日本

わが国の大部分の都市は洪水時の河川水位より低い位置にある．大阪とロンドンを比べれば……．

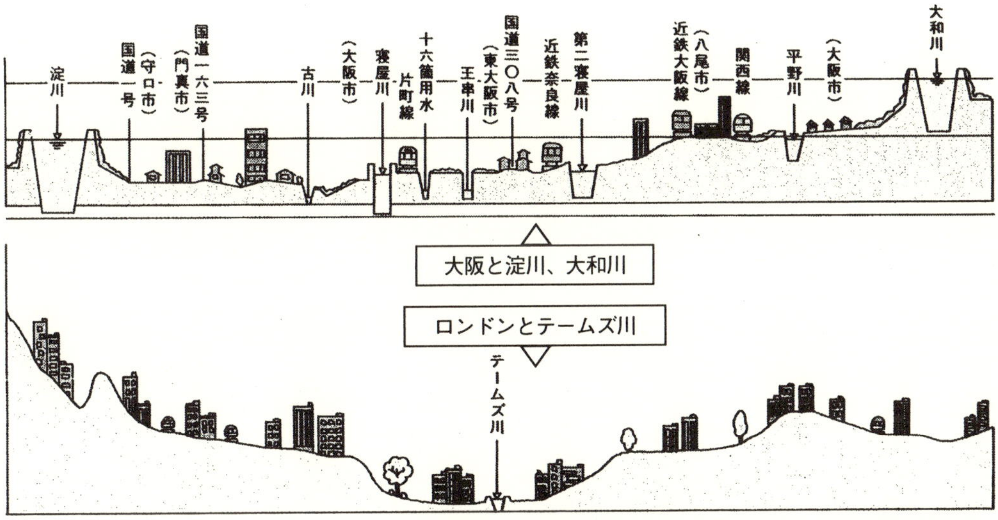

（安全な国土基盤と居住環境の形成に向けて、（社）日本河川協会）

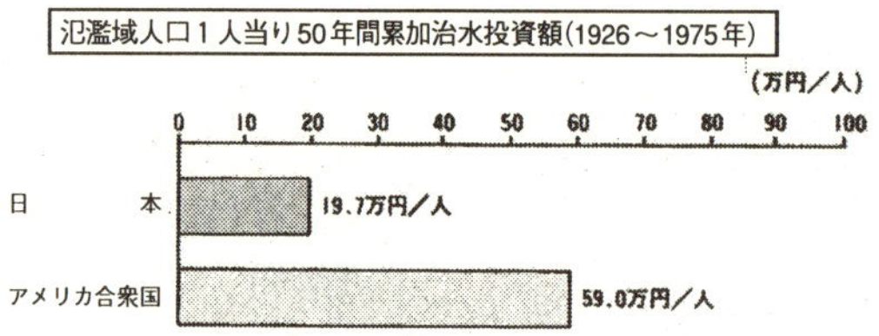

わが国の治水投資は絶対額でも氾濫域に住む人口１人当たりの額でもアメリカ合衆国の半分以下に過ぎない.

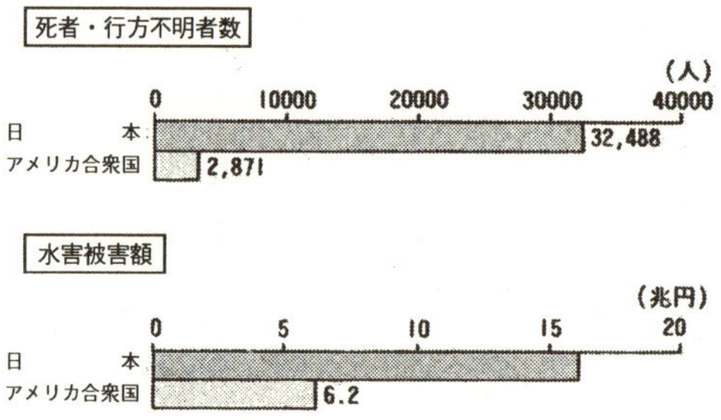

洪水被害はアメリカ合衆国に比べて極めて大きいものとなっている.（1946～1975年の30年間の洪水による被害）

日本・水害統計（国土交通省河川局）
アメリカ合衆国・The second National Water Assessment（米国水資源審議会）

ていたが、レストランは平然と営業を続けていた。洪水到達時間が遅く、洪水継続時間が長いこれらの川には、その性質に応じた付き合い方があるのであろう。因みに、1970年のライン川洪水（ロビス）のピークは、出水より7日目で12日間継続し、アメリカのミシシッピー川の洪水の如きは継続時間が200日にも及ぶのである。

3. 河川用地の拡大

「多自然型川づくり」は、主として多様な植生によって河岸を保護しようとするものであるから、その侵食防止と法面の安定のためにはゆるやかな勾配が要求され、必然的に幅広い堤防敷地が必要とされる。

より自然を生かすために河川の曲流を許容し、ポケット水制や渓流落差工などで流速を緩和し、瀬や淵を存置または構築する。流れをゆるやかにし、さらに侵食や堆積といった自然のダイナミックな営みを大事にすれば、それが洪水氾濫に結びつかないだけの十分な余裕を必要とし、ここでも河川用地幅が増すことになる。

アーヘン工科大学のルーベ教授によれば、単断面の通常の川に比べ「多自然型川づくり」による複断面河川では、洪水による低水路と高水敷との間で乱流を招く急激な運動量の交換（インターアクションメカニズム）があり、流下能力が半分以下にもなるようで、理想的には現在の低水路の5倍の川幅が必要であるとしている。

市街地を外れれば起伏の少ない畑、牧草地、森がの伸びやかに広がるヨーロッパと異なり、わが国は地形が急峻で、平坦地は河川沿いに限定されるうえ、利用できる土地そのものの絶対数が不足して、世界有数の高密度

で土地利用が成されている。当然、土地単価の差にも反映され、河川沿いの人々に「多自然型川づくり」による幅広い贅沢な用地買収や、ふくらみのある不定型な用地買収には十分な説明と理解が必要であろう。

わが国の限られた土地利用の中で、これらの施策を実行するためには、どれだけの土地を河川に使うことが出来るかを検討すると同時に、従来の縦割的な事業整備ではなく、公園、道路、下水道等と柔軟に協調しながら整備を図る、『複合施設』としての事業促進が求められている。

私達の目指してゆくべき「多自然型川づくり」は、川もしくは川沿いだけに限定されるものではなく、あくまで河川区域外への広がりを求め、処々には生きものの拠点としての森や林や湿地を取りこみ、川は面的な生態系ネットワーク化の軸、または接点となるべきものであろう。みずべの生命を染める緑は、すべての生きものにとっての緑であり、多様な生物の生息空間の核でもある。

4. 多自然型川づくりの執行体制

緑の樹の間に、岩を噛み流れる一筋の小川と翠黛《すいたい》の山々。誰もが心の中に抱く川の原風景は、夫々の風土に調和した美しさを持っている。すべての川の表情が異なるように、素材や樹木、草の一本まで本来その土地のものを使うのが原則である。それが結果として、そこに住む人々の「ふるさとの川」になっていくのであろう。

「多自然型川づくり」の事業費については、土地が安価で、材料としての石材や木材等が入手しやすいヨーロッパでは、従来工法に比べてむしろ安価であるといわれている。

しかし、わが国で石積がブロック積に変わっていったのは、石材不足と単価の高騰が原因であり、やがて石工そのものの伝統さえ危うくなっている。柳技工の柳、木工沈床や蛇篭に用いる玉石等の素材も大量に手に入れるのには困難が多く、実施した沈床組立や木橋では、施工する職人集めに苦労するようだ。したがって、わが国で「多自然型川づくり」を推進する際の最大のネックは、計画、設計よりも、むしろ施工時における素材と人材をいかに確保するかにかかっている。

このためには、「多自然型川づくり」に必要な品質のそろった材料を組織的にかつ大量に、しかも安価に入手できる体制を整備する必要がある。そして、石工などの絶対的な職人の減少には、職人の育つ環境をつくりだすと同時に、従来の伝統工法を大事にしながら、省力化できる部分を見い出し、現在の機械力をいかに効率よく組み合わせるかを検討する必要がある。しかし、それでもわが国における「多自然型川づくり」は、これらの検討を加えてもなお従来工法に比べ割高になる可能性が高い。しかも、何が安いかという「経済効率」や、安全、合理性などに力点を懸け過ぎたこと自体が、我々の落ち入った落とし穴であったことも事実である。何もかも「金」の問題に置きかえるほど、傲慢で貧しい性根はないのだ。

一方、ヨーロッパでこれらの「多自然型川づくり」が行われてきた背景にあるものは、経済力ではなく思想であり、哲学であったことを今一度考えたい。しかし、そうはいっても前轍を踏まないためには、それなりの準備が必要であり、「多自然型川づくり」のほとんどが貴重な税の負担を仰ぐ公共事業で行われる以上、予算、設計、積算、材料、施工、検査、管理、監査等との連携と対策が求められることは言うまでもない。土木技術者のみならず、多くの心ある人々と手をたずさえ、勇気を持って挑戦したいものだ。

十数年前、伊豆の稲生沢川で親水護岸の工事をはじめた頃、ネックとなったのもこの執行体制であり、やむを得ず階段護岸の施工には、無料のコンクリート・テストピースをともめて妻と二人、奥伊豆中を軽自動車で走り廻ったことがある。洋の東西を問わず、新しい仕事には手厳しい批正の目があり、多くの人々の熱い期待を受けている「多自然型川づくり」とて例外とは思えない。これらの課題解決のためには、水理、構造、生態、景観、デザインなどの広汎な専門家の参画による科学的な分析の積み重ねと共に、地元住民、実際に手を汚し汗をかく施工業者、とりわけ職人の意見にも謙虚に耳を傾け、決して意欲に満ちた創造的な工夫や提案が阻害されないような体制づくりが不可欠である。

半世紀以上前、アウトバーンの建設に生態学者の意見が取り入れられたり、今なお工科系の大学ですら植生や生態学が必修科目になっているドイツ。そのドイツも自然との長い付き合いでは苦い経験をした。だからこそ、その苦渋の体験が自然の保全、創生についての希求を高め、強い意志で自然再生を実施してきたのである。

日本は明治以降、すべてのヨーロッパ文化の受け入れに際し、その長い影の部分に目を向けず、おいしい光の部分だけを上手に利用してきた。しかし、私達土木技術者が自然保護、育成に遅れをとらないためにも、まず執行体制の核として基本的な生態系の仕組みを学んでいくことが必要であろう。

友達を知らなければ親友になれないように、生命の源としての川を知らなければ、川と触れ合うことが出来ない。これは礼儀の話である。

5. 生態系の違いと維持管理

山紫水明の国、日本。四季それぞれの自然に恵まれた日本は美しい国である。しかもその植生は、長い歴史と豊かな生態系を誇っている。当たり前のこととして付き合っているこの日本の気候、風土こそ、世界に誇る宝である。

これにひきかえ、ヨーロッパの自然は産業革命で壊滅的なダメージを受けてしまった。その後、国を挙げての必死な努力で再生されたのだが、日本の照葉樹林に比べて僅か200年の歴史しかない。その上、日本の森林面積は国土の67％に及ぶが、森の国といわれたドイツでも34％、ヨーロッパ最大のオーストリアでさえ38％にすぎない。四季の変化に乏しく、ドイツでは長い間、錦繍の紅葉はもとより、春と秋の言葉さえなかった。

地中海地方を除くヨーロッパの気候はひときわ厳しい上、氷河期、幾多の生物はアルプスの山を越えて南下することが出来ず、多くの種がここで死滅した。スイスの刈り揃えられた緑の牧草地と点在する花飾りの家々は、絵葉書そのままの夢幻の世界だが、雑草が繁茂できない土の貧しさをも示している。植生が貧しいことは、またそこに集まる昆虫等の種が著しく制限されることであり、例えば蝶類は、ヨーロッパ全部合わせても日本一国に及ばない。しかも、チューリッヒ州の鳥は130種類しかないが、このうち既に10種が絶滅し、18種が危機に瀕し、16種の生存が脅かされてい

る。スイスでの両性類のうち21％は絶滅、16％がその危機にあり、維管束植物2,700種類のうち28％は失われつつある。

ヨーロッパのこれらの状況に比べ、温帯、多雨地帯に属する日本の自然の復元力は圧倒的である。豊かな自然を復元する「多自然型川づくり」は、ススキやヨシなどのいわゆる「雑草」や、蛇や蜂、多足類等のいわゆる「害虫」をも併せて再生するものである。自然の復元力の小さいヨーロッパでは、「野草」と呼んでいとおしく育てるが、日本人は贅沢にも質の良い緑だけを好む。

水質の悪化やゴミの投棄と放置、土壌の汚染など劣悪な河川環境の中から生み出してゆく自然の再生は、植生護岸にゴミがひっかかりやすくなるとか、流れのとまった箇所での蚊の発生とか、人の背を越える葦が繁茂するとか、衛生、防犯の観点から、そこを訪れて散策する人だけではなく、そこに住む住民の日常生活を考慮しなければならない。ただ、河川を繁茂するままにしておけばよい訳ではなく、生態学的にも適度な刈込は必要である。自然のままの状態が万全ということではなく、人間の精神のくさび、思想、英智がそこに加わる必要があろう。それは自然と対峙するのではなく、自然と共存していくために。

「多自然型川づくり」は、それ自体が「生きもの」である。赤ん坊として生み落としたからには、子供の成長の手助けをするように面倒を見つづけ、最後まで見守ってやる必要がある。考えてみれば、大変な厄介な問題であり、通常の行政として行われていた河道の浚渫、除草、清掃などの維持管理から大きくはみ出す問題でもある。ドイツの「河川里親制度」にみられるように、より一層拡大されたきめ細かな住民全員参加による、「河川愛護運動」などの支えが是非とも必要であろう。

いずれにしても、今、新しい世紀に求められているのは、生きものに対する理解と生命に対する尊敬。人と生きものにやさしい環境を創出し、守り切る人類の英智と技術である。

6. 都市の水循環と自然の復元

多自然型河川工法（Naturnaher Wasserbau）は、直訳すればより自然に近い、多様な生態系に配慮した川の建設の意味であり、「Wasser」は、川、水、時によっては湖や海を示し、「bau」は仕事、建設、土木工事のことである。しかしこの言葉は、多自然型河川工法の思想を正しく伝えているとはいい難い。単なる河川護岸の工法ではなく、水と生きものに対する全てにこの考え方が及ぶからである。

例えば、都市における水循環の復元と、生きものが生息する場所を少しでも多く提供するため様々なことが行われているのである。

まず、歴史的遺産である石畳みを保存するとともに、雨水の浸透を期待する透水性舗装、赤レンガや平板ブロックを隙間多く敷きつめて、いくらかでも植物や小動物のための余地を残す。特に歩行者用の歩道や駐車場、チューリッヒでは路面電車の軌道敷にも芝生を植え込み、舗装を排除してあった。「路面が固く安定していればいるほど良い」というのは、必ずしも正しいとはいえないかも知れない。

また、建物が密集する市街地では、特にその壁のイメージアップが大事であり、ヨーロッパの多くの街並みにある壁に描かれたフレスコ画、花飾りの窓、由緒ある軒の彫像を見て廻るほど楽しい旅はない。これらはすべて自分達のためだけではなく、道行く人々に街全体としての美しさを醸し出すためである。

「緑の壁をつくること」も簡単にできるまちづくりの一策であり、目にやさしい単なる装飾以上の機能を有する。決して公園や庭園の代わりはしないが、それを補って町を緑豊かにし、寒暖をやわらげ、空気を浄化し、小動物や鳥類に生活空間を提供する。勿論、つる性の植物が壁を破壊することも、異状な湿気をもたらすこともない。

さらに、建物の屋上に土の層を設けることによって屋根を覆い、そこに適した植物を植えることも可能である。酷暑や酷寒の遮断の他、雨水の流出抑制の機能を持たせることもでき、建物の建つ前にあった緑の代償にもなりうる。

● チューリッヒの市電と緑の軌道敷

● 屋根の上の植生

都会でも多自然河川工法をすすめる一方、降雨の都市空間貯留も生態学的な方法ですすめられている．そしてそれらは同時に、他のすぐれた都市環境機能を高めることにもつながっている．

● スイスのアウトバーンの駐車場

その他、塀や土止めの壁など、ありとあらゆる構造物が多自然型河川工法の対象となりうるのである。つまり、多自然型河川工法はその思想において、大気やエネルギー問題、公害等を含めた「地球にやさしい環境づくり」と全く同一のものなのである。

水源涵養のためと生きものに配慮した透水性舗装

犬のトイレ

教会の尖塔と花飾りの家々、路傍のキリスト像と天蓋の下のマリア様。一面緑に覆われた丘を小波のような風かカウベルと羊の鈴の音を運ぶ。そんな村々が交響曲のように何度も積み重ねられ、やがて車は涼々たる水と緑を標榜する川を越えて針葉樹の森に入る。

このゆかしい欧州の自然は、産業革命による荒廃の後、僅か200年で再生されたものである。少ない降雨と低い湿度、痩せた土壌。その上かつての氷河期、動植物の種はアルプスを越えられずここで死滅した。今は秋。鳥の声も風の薫りも少なく、錦繍《きんしゅう》の彩りも無い。四季折々の多様な自然は疎《おろ》か、ドイツには長い間、秋という言葉も無かった。この森の国ですら森林面積は国土の30％。日本の半分にも満たない。しかもこの森が酸性雨により病んでいる。

昨秋のミュンヘンは寒かったが、例え厳冬でもアイドリングは行わず、今夏のウィーンは暑かったが、観光バスといえども駐車中は冷房を止め、スイスでは赤信号でもエンジソを切り、車を入れない街も稀ではない。道路にはビオトープと獣道を守る為の小動物専用の橋やカルバートが設けられ、沿道の高木植栽や透水性舗装も、景観よりはむしろ生態系の保存と未来永劫付き合ってゆく美しい星・地球への優しく緻密な心配りのようだ。

緑は大気と光の力を借りて水と土から生まれる。水は私達が生れ、土は私達が還って行く所でもある。

自然と生き物に対する繊細な感受性といたわりは東洋のもの。土木の天才、先人達の思想は自然の摂理に教わり、畏敬し、なだめる事で威圧する事ではなかった。私達は何時の間にか直球しか打てなくなってしまったのかも知れない。

チューリッヒのネフ川で犬のトイレを見つけた。ふと何か忘れかけていたものを憶《おも》い出した。

II

スイスの多自然型工法

チューリッヒ州の河川整備と自然復元

スイスは山と高原の国である。北部はマッターホルン、ユングフランなど4,000m級の山が屹立して北部のスイス高原に連なり、平野はアーレツ川沿いに僅かに残されているにすぎない。

193mより4,634m。これがスイス南部の保養地、ロカルノの岸辺よりアルプス、モンテローザの最高峰デュークル・シュビッツェの標高である。その差は4,441m。これがスイスの類いない風景の美しい変化をもたらすと共に、その河川の多くを急流河川とし、沿川流域に水禍をもたらしてきた。

チューリッヒ州では、1778年、1876年、1987年とほぼ100年ごとに大水害にみまわれてきた。このうち、特に1876年の水害では、シール（Sihl）川以外の主要な河川が氾濫し、大災害となった。この大水害を契機として、州や地方自治体が河川管理の責任を負うことになった。

● スイスの河川

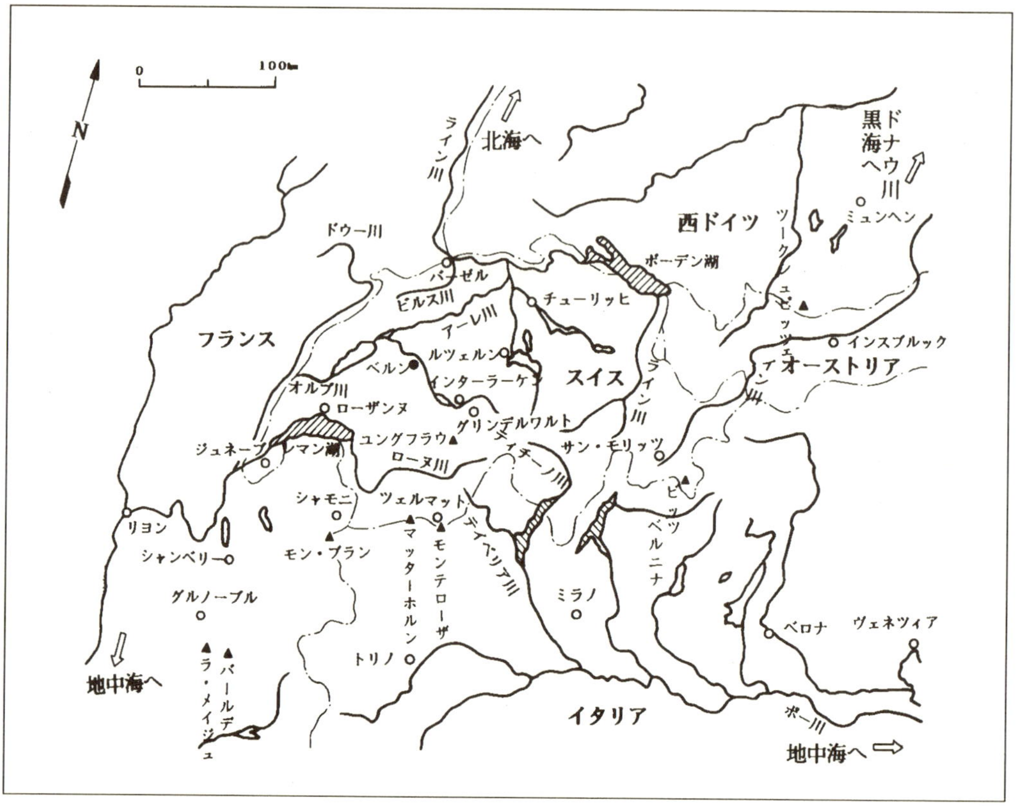

スイスの年間降雨量は1,470mmで、ヨーロッパでは最も多い。河川のほとんどがアルプスに源を発し、代表的な水系は国土の68％を占めるライン川水系、スイス最大の湖レマン湖よりフランスを経て地中海に注ぐローヌ川水系、イタリア国境のマジョーレ湖を経てアドリア海に注ぐポピ川水系、イン川を支流とする大河ドナウ川水系の4水系である。このうち、チューリッヒ州の河川はライン川水系に属し、1876年12月、州議会及び住民投票を経て施行された「河川建設法」により、二つのクラスに分類されている。

日本の一級河川にあたる重要な河川及び湖沼が「クラス１」で、ライン川、リマト川、ロイス川、ツール川、テス川、グラット川、シール川と、チューリッヒ湖、グラインフェン湖、プレフィッカー湖が含まれる。

二級河川及び準用河川にあたる「クラス２」には、その他の小さな川、湖のすべてが含まれる。チューリッヒ州内のこれらの河川の総延長は、地球一周の長さと同じ4万2,000kmである。

「クラス１」の改修は、改修計画の策定及び実施費用の2/3を州が負担し、残りの1/3は地方自治体が負担している。「クラス２」は地方自治体が改修を行う。さらに、何れの改修においても、土地関係者や水利権者等に負担の一部を求めることができるとされている。

1876年以降、これらの改修手法が整備されたため、大規模な河川改修が実施された。その方法の多くは1,484にも及ぶ湖を自然の調整池としながら、それに導く水路を築造するもので、流過能力増大のための河道の蛇行修整、河床低下防止のための床固め工の設置、河岸侵食防止のための護岸の整備である。主要河川では8割が完了している。

その後も毎年100億円という洪水の惨禍に悩まされ続けたが、改修が進むにつれて別の問題が起こってきた。もともと水害の多発は、産業革命以後、森林が大規模に伐採されたための山地部での地滑りや山腹崩壊が原因であるが、河川改修の促進により却って自然の破壊が進んだのである。さらに流域の人口増加と産業の振興に伴い、水質汚染についての問題も惹起されてきた。とりわけ、チューリッヒ州では宅地開発が進み、この間に失われたものは、湿地帯の90％、果樹園の50％にも上り、鳥は22％、また両生類は37％、トンボは65％が、さらに維管植物のうち28％が絶滅またはその危機に瀕しているという。

こうした自然の消失が多くなればなる程、自然の河川、美しい牧場、草原、森林等への要求が高まり、河川が洪水防御の面からだけでなく、生態

● 多自然型川づくりはみんなの手で（チューリッヒ）

系及び景観も含めた自然保護の観点からも見直そうとする動きが高まってきた。

そこで、クリスチャン・ゲルディー氏等の建設技術者は、自然保護局や漁業管理団体とも協力して、自然の環境をできうる限り考慮した工法、いわゆる「多自然型工法」を提案し、1970年代より自然の再生と再活性化のための再改修が、幾つかの河川や小川で実施されるようになった。

一方、当時のわが国は高度経済成長の真っ只中で、豊かな国土、日本を目指し、全国各地で様々な開発事業が跋扈していた。人口が都市に集中して肥大化することで郊外の畑や田んぼが宅地に変貌し、海は埋め立てられ工場が林立するようになり、それにともなう交通網の整備、河川・港湾等の社会資本整備が急ピッチで進められていた。当然、川や湖、池沼は水質の汚濁が進み、その汚れは海を覆い、大気は車や工場からの排気で汚染され、山紫水明の国、日本とは程遠い光景であった。

夏の風物詩であったホタル、春の小川のメダカやモロコ、草原を舞うトンボや蝶等、振り返ったときには、身近にいた生きもの達が姿を消してしまっていた。

前述のスイスでの事情とは異なるが、結果として生物の生息環境への甚大な負荷となったことは事実である。安全で豊かな生活を追い求め、享受したその裏には、大きな代償がともなうことに気がつかされたのであった。

スイスをはじめ、ヨーロッパにおける自然回復、共生の動向に日本で最初に注目したのは、愛媛県五十崎町の亀岡徹氏をはじめとする「町づくりの会」であった。その熱意に応え、来日して直接指導されたのは前述したゲルディ氏で、その橋渡しをする傍ら、自らスイスに入って現地調査をしたのは、福留脩文氏（西日本科学技術研究所）である。

当時は「近自然河川工法」と呼ばれたこの河川改修の新しい流れは、建設（現国土交通）省水研究委員会や（財）リバーフロント整備センター等によりわが国にも広く紹介され、多くの技術者に鋭い示唆と感銘を与えた。

チューリッヒ州は、1987年に再活性化のプログラムを作り、630の河川区間を対象に選び、このうち150の区間について河川工学的、生態的及び景観的な評価が行われた。その結果

①ほんの少しの例外を除いては、すべての対象河川に復活化の必要があること。

②復活化により生物空間の多様性が確保される見込であること。

③集落のある所でも河川改修は可能であること。

④土木、生物、景観の各々の専門家を集めた共同作業が有意義なこと。が確認された。

チューリッヒ州におけるこれらの河川復活計画を実施していくために、約400億円を要するが、1989年、河川復活の最初の事業を実施するために、18億円の予算が計上された。また、多自然型河川工法というと河川に限られるような印象を受けるが、スイスでは都市計画や農村計画の中での具体的工法として、バイオ・コンストラクションの位置づけがある。自然科学による遺伝子の組み替えという事ではなく、哲学的な「人間や生物の生き物」の概念にあるらしい。

「自然から私達は客として招かれたのであり、私達はそれにふさわしい振舞いをせねばならない。そして自然を助けて、それが再び本来の権利を得られるようにしてやらなければならない。」（フリーデンスライヒ・フンデルトヴァッサー）にあるように、これらのすべての生き物にやさしい町づくりは、あらゆる機会、あらゆる場所で広く行われており、例えば住宅地における自然の保全のため、石の塀を生け垣に変え、コンクリート建物のハザードにはつる性の植物を這わせている。さらに、駐車場や歩道の舗

●チューリッヒ・レビッシュ川の再活性化の例

もともと蛇行していたレビッシュ川は1911年及び1931年の改修で直線化された.

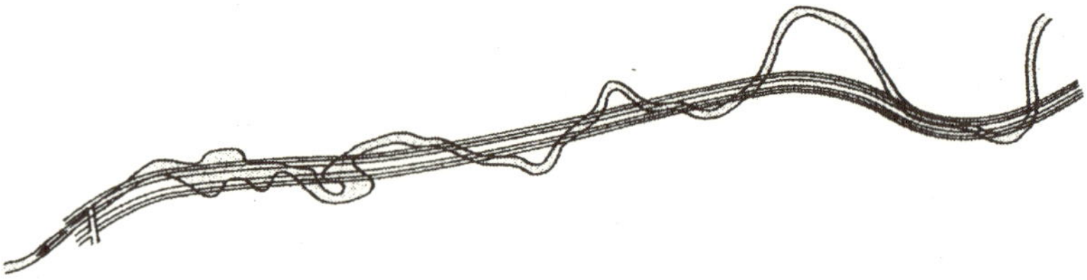

1985年、直線化されたレビッシュ川の再活性化が計画され、河川の拡幅、蛇行化、河岸の植生化が図られた.

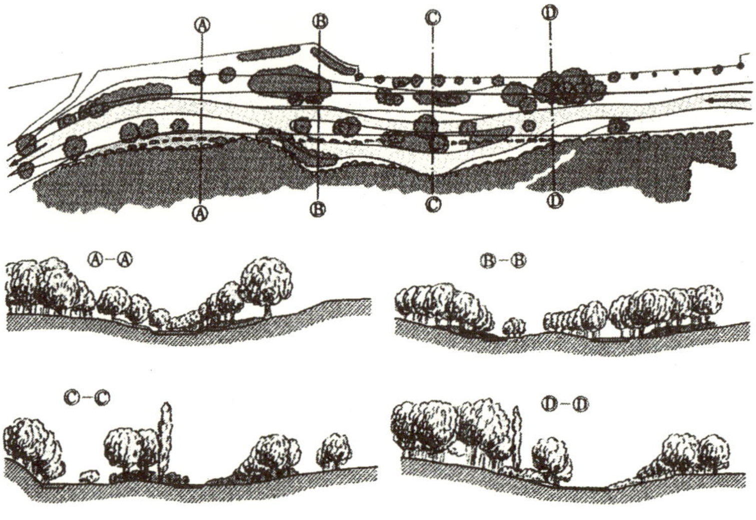

（まちと水辺に豊かな自然を、(財)リバーフロント整備センター 編著、山海堂、1990）

●石塊（ピンコロ）による舗装

わざと大きくした接合部の隙間から草が生えている．どんな小さな生命も大切にする心が大事だ．草の根は石塊としっかりかみあって歩きやすくなる．

レストランの駐車場の透水性舗装．

装にはアスファルトやコンクリートを使わず、赤レンガなどのブロックを敷きつめることにより、幾らかでも緑の育つ余地を残し、雨水の染み込みを期待している。壁面にはつたを這わせ、ビルの屋上に土の層を設け、植栽と雨水の流出抑制の役目を果たさせている。アウトバーンのサービスエリアの駐車場もインターロッキングを敷き並べた透水性舗装であり、建物の壁はつる性の植物により緑を確保していた。こういう植物の生命に敵対しない細かい配慮が大事なのであろう。

1. テス川

テス川は、標高1,154mのテスストックを水源としてライン川に合流する、流域面積430km^2の中小河川である。もっともその計画高水流量は450m^3/s、洪水比流量は僅か1$m^3/s/km^2$であり、高水の大きさでは日本の一支流クラスにすぎない。しかし、1876年には大洪水が起こり、19の道路橋と9つの歩道橋が流失し、鉄道の道床が洗われ各所で寸断された。河岸も多くの箇所で欠壊し、農耕地を中心に大きな浸水被害を受けた。

災害の直接的な原因は異常な降雨であったが、被害を大きくした要因は、長年の間の河床上昇により河積が著しく損なわれていたことである。産業革命にさかのぼる流域内の森林伐開により土砂流出が多く、河道に異常堆積し、数箇所では附近の耕地より河床の高い所さえ見られた。

1880年には河川改修が実施され、流過能力を増し、河床勾配を大きくするための蛇行修整と、低水路と高水敷を持つ複断面河道に整備された。そ

● テス川・ロアバス村落差工の模式図

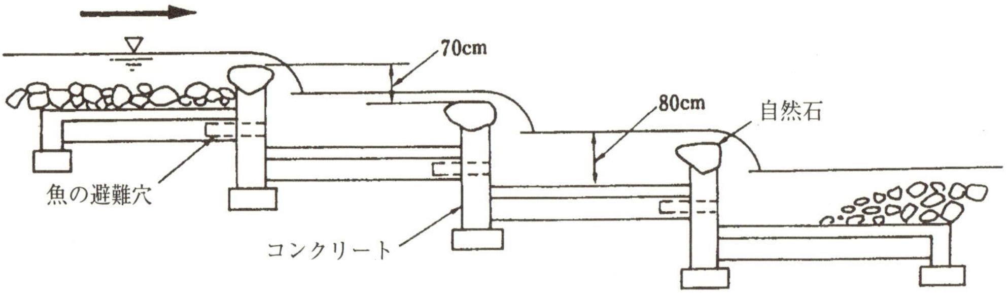

右岸側は民地が近接（写真の擁壁が教会）しているため石張りになっているが、盛土部分の下にはコンクリート壁が隠されている.

左岸側も土地条件がきびしく、かつ、落差工周りには石張り工を施工してあるが、天端の植栽と型にはまらない石の積み方が目をやわらげている.

して、1977年の7月31日から8月1日にかけて、30年に一度という洪水が発生したが、1880年の改修効果により、氾濫や農地の浸水は防ぐことが出来た。しかし、多くの落差工や床固などの構造物が被害を受け、復旧にあたっては魚の避難場所を考えた新しいタイプの落差工が設けられ、水制についても従来の伝統的な工法の復元と、魚などのためにより大きな石を用いた多孔性に富んだ水制に改築された。

テス河のロアバス村には、歴史上重要な構造物である切石造りの「ローマ橋」があり、この橋台と橋脚保護のためには根継工が必要であった。しかし、三経間のアーチ橋のため、根継工は治水上の工法としては問題が多く、護床工（落差工）で河床を固定することにより橋台、橋脚の洗掘を保護することとした。「ローマ橋」は由緒ある橋である故に老朽化も著しく、この落差工のコンクリートでしっかり守る必要があった。しかし、堅固なだけでなく同時に景観上も、また魚の遡上、降下にも配慮しなければならない。これらの問題を解決するために、「力」はコンクリートで頑張って水中に隠し、コンクリート壁の上に「自然石」を付加するうまい工夫がされている。

この落差工は高さが2.1mあるので、まず落差を三段に分けた多段式として、1段の高さを70cm程度に押さえ、魚が遡上できるよう十分な助走路として深さ80cmの魚窪地を設け、魚の避難、休息のための横穴まで設けてある。各段の頂部にある自然石も高さを一定にせず、横断方向も横一線にせず、少しづつずらすことにより水の表情を豊かに、嬉しそうに踊るように流れている。特に、落差工の下流より見た「ローマ橋」は、この流れの変化によってむしろ景観が高められたのであった。

● **ローマ橋より下流の階段型落差工**

落差工は史跡「ローマ橋」を守るのが目的のため、コンクリートで堅固に作られているが、魚のための様々な工夫がある.

なお、この「ローマ橋」下流は人家に接近しており、洪水による河岸の侵食は深刻な被害を与えることが予想された。しかも落差工周りは乱流が発生し、治水上一層難しいところである。そこで、法勾配を緩やかにし、引堤して河積の余裕を作りだすことの出来ないこの部分については植生護岸が適用できず、石材やコンクリートによる護岸を採択せざるを得なかった。しかし、ここでも様々な工夫が施されている。

まず、堅固なるコンクリートを用いた切石積の護岸が設けられたが、石積の合端を不規則とし、表面近くに窪みを残すことにより若干でも植生の機会を残し、強い直線的な印象を与えながら護岸の輪郭線をあいまいにぼかしてある。しかも、護岸の天端附近は背後の住宅をコンクリート壁でしっかり保護、補強してV字型の窪みをつくり、加藤清正の「二重石塘」のように、さらにこの部分に植栽用の盛土（覆土）をすることにより「緑」を確保するのである。なお、このV字型の窪みは下流に下るほど大きくとり、下流の柳の植栽へと馴染みよく取りつけて、強いインパクトとなる護岸天端の直線を消し去り、景観的な緑のつながりにもなっている。

●テス川・ロアバス村の練石積工横断図

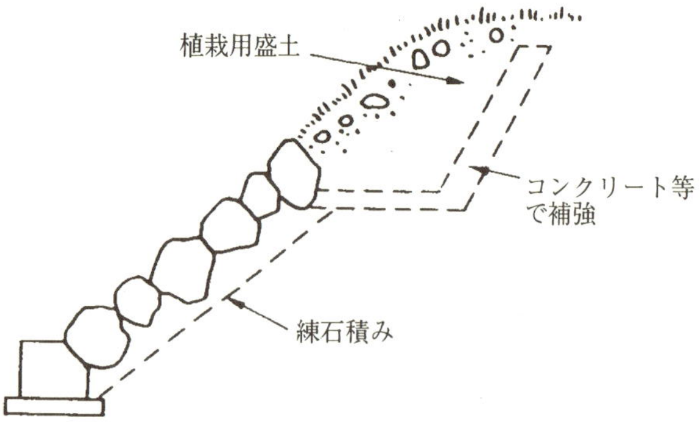

また、テス川のヴォルフリンケンハルトでも落差工下流の侵食がはじまった。この部分の河床は泥岩質で形成され、しかもこの上流には発電所があるので、コンクリートできっちり根を固める必要がある。そこで、このコンクリート構造物の形状には、河床、水流に変化を持たせ、自然の魚道を兼ねるよう周辺の泥岩の型に併せる一方、表面も特殊合成樹脂モルタルで岩そっくりに仕上げたのである。

●テス川の落差工

2. ネフ川

ネフ川は、流域面積30km^2、計画高水流量57m^3/sの小川である。かつては牧草地を蛇行して流れる魚の豊富な小川であったが、貨物集積場の建設にともなう流出増対策として、洪水流量を安全に流すために流路の直線化、河床の切り下げが行なわれた。また、ネフ川流域では市街地開発も計画されたため、河川断面は水理的にもきびしく、単断面構造とし、河床も粗度係数を減らすようにコンクリートで底張りされた。しかし、市街地開発が中止になったため、ネフ川の流過能力に余裕を生じたのを機会に、多自然型工法での再生が計画された。

既に河川は直線化されていたため、平面計画ではこの区域内での低水路の蛇行を図る一方、法勾配を不規則に緩くし、底張りのコンクリートを撤去した。さらに水の流れに変化を与えるため、自然石を利用した様々な型

●ネフ川の平面スケッチ

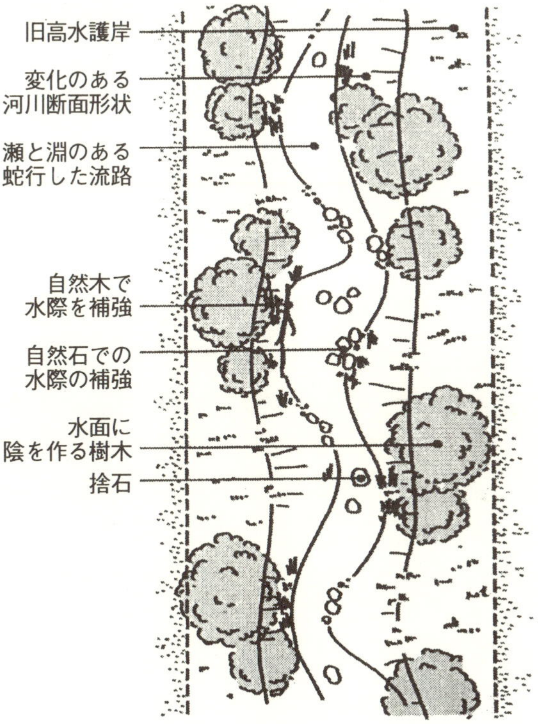

●この川を見て、人が造り上げたものと思うだろうか？

いかにもやさしく、木が河岸に植えられ、新たに置かれた石が居心地よさそうに瀬と淵を生む．このさりげなさが「多自然型川づくり」の基本．川をいじくりすぎては、川を失うことになる．

の落差工をつくり、蛇行させた低水路の要所に自然石を水制状に突出し、河岸を護ると共に、自然な型の「瀬」と「淵」の復活を目指している。

このネフ川の「多自然型川づくり」は、クリスチャン・ゲルディ氏の設計だという。石をひとつ置くのにも、水の流れや魚などの生態に合わせ、細心の注意をもって施工されている。それでいて樹木や水際部の植生の状況まで、あたかも昔からそこにすでに存在したような「さりげなさ」が良い。そこには土木技術者というより、人間としての豊かな感性が感じられる。

守る

高速道路の規格は何処の国もさして変らないが、スイスに入ると妙なものが目に付く。突然、中央分離帯の植栽が着脱式の防護柵になり、舗装が黒から白に変わる。滑走路を兼ねるのであろう。国際標識に混じって軍用車両への案内看板が増え、緩らかな斜面には戦車の進入を阻む鉄の棘と、森の中には禍々しいトーチカさえ隠蔽《いんぺい》されている。

スイスの国防費は国家予算の40％を占め、成人男子は60歳まで軍事訓練を免れることは出来ない。常時臨戦態勢にあるため、主婦の朝の一番大事な仕事は自動小銃を分解整備し、実弾を装填しておくことである。国連にも加盟せず針鼠になって身を守り、何とその呪縛は河川改修にも及んでいた。

国土の安全、自らの生命と財産は自ら守るというのが、歴史が培った欧州の最も基本的な思想のようだ。

河川の安全についても綿密な技術の裏付けがあり、一日体験入学したアーヘン工科大学では、高木植栽や蛇行水路等の粗度、乱流、掃流力の精緻な分析が成され、日々成長してゆく樹木の変化に応じての将来予測さえして見せた。

公共資産の量と奥深さに圧倒されるが、更に重要なことは市民との信頼関係である。川に近づくなと教える代りに、着衣の水泳を教育し、救命具を頻々と設置する。高速道路の速度制限も飲酒運転の規制も無いが、救急箱や救急法が義務づけられ、しかも交通事故が減少しているのは、人間としての尊厳の成果に他ならない。

事故が惹起されれば、身勝手な犯人捜しと行政へのいわれなき誹りが常に喧伝され、危険から遠ざけると同時に、冒険に立ち向かう勇気も自らの危機管理すら他人の手に委ねてゆく。自由、責任、義務等の思想は未だ日本は子供のようだ。

夏のはじめ、モーツアルトを生地ザルツブルグの古城で聞いた。暫くは忘れることの出来ない中世さながらの夢幻の世界だが、この演奏会場の下には巨大な防空壕が秘匿されていた。オーストリアもまた、永世中立国なのである。

● **多自然型工法施工前の直線水路**（ネフ川の支流）

● **多自然型工法施工後、浚渫工事を行ったネフ川**

河岸が直線的になり低水路の多様が失われた.「多自然川づくり」では管理も必要最小限にとどめたい.

私達、土木技術者が今まで設計、または施工した厖《ぼう》大な河川工作物で、「私だけの設計」と誇れるものが幾つあるだろう。皆、かたくなに経験や標準設計等のマニュアルに従っていただけではなかったのか——。

「多自然型川づくり」にマニュアルはない。目指すものはひとつとしても、一人一人の設計する内容はすべて異なる。私達土木技術者に求められるものは、高度な土木技術と同じだけの生態学や植物に対する知識、さらには歴史風土を通じて得られる感性、自然の風景を演出できるデザイナーとしての力量である。だから難しいし、だから楽しい。

この自然豊かなネフ川に生きものが増え、魚が戻ったことは言うまでも

植栽がまばらになっている部分を性急に植樹などせず、草木の発芽の状態を更にみきわめるという．自然のサイクルは自然が決める．人間にできることはその手助けである．

自然は素晴らしい．自らが美しい装いをこらしてゆく．この川にはむしろ華やかな花さえ必要ない．

この石はすべて新たに持ち込み、生態系上十分検討を重ねて配置されたものである．

ない。この再生された区間だけでも、忽ちマスの数が3倍に増えたという。河床の小石に卵を生みつける川マスは、今までのコンクリートの川床では子育てが出来なかったのである。

3. ケヒカ川・ケヒカ遊水池

ケヒカ川（チューリッヒ州・メンシェングリュート）は、流域面積4.55km^2の小河川である。アウトバーン建設に伴う流出増に対処するため、河道拡幅や放水路の建設など様々な治水計画が検討され、河川周辺の土地利用状況やコストを考慮して、1979～1980年にかけて遊水池が造られた。洪水調整地は通常、山間部に建設されるが、ケスカ川のように河川と遊水池の規模が小さいものは、川の途中の平坦地にも設けられる。ケヒカ川に隣接する牧草地の一部を買収し、掘削して面積10,000m^2、水深3mの遊水池が築造された。調整地の下流部には自然の川と橋梁による縮流部が設けられているが、越流堤や余水吐はない。

強い雨で河川が増水すると、この縮流部に入りきれない水がここで膨れ上がり、池を満たす。洪水のピーク時はこうして一時貯えられた水を、下流での洪水のピークの過ぎた後、ゆっくりと危険のない流量で排水されるのである。この遊水池では、50年に一度の降雨に対する降水流量15m^3/sのうち5m^3/sをカットして、ここに22,000m^3の水を貯める。これにより下流河川の全面的改修は必要がなくなり、部分的に狭いところを広げるだけでよくなった。

写真の手前側に自然河川風の放流口があり、洪水時には水没し、22,000m^3の水を調整する.

10年前に牧草地の中に掘削された遊水池であるが、現在は野鳥の宝庫になっている.

人の手で造ったものなのに、見事に自然豊かな生態がよみがえり、「自然保護地域」の標識が建てられている.「多自然型工法」の勲章のようだ.

標識は「フクロウ」を表している. ワシ・タカと同じく生態系の頂点に位置する猛禽類である.

また、洪水時に安全になっただけではなく、この遊水池の止水域以下を更に掘りこんで自然の池とし、人工的なものをすべて排除して生態系の回復を自然にまかせたことにより、自然の宝庫として野鳥をはじめ多様な生態が形成された。自然保護地の指定はその証左でもある。

これら遊水池方式の河川改修は各地で進められ、同州のマンターレン村を流れるアビスト川、メーダー川などでも行なわれた。だが、州政府が提示したコンクリート水路による河川改修が住民の支持を得られず、生態学など様々な専門家が集まって構成された委員会と、住民の参加を得て調整地と放水路を組み合わせた案に決定された。ここで興味深いのは、最も経済的に安く済むコンクリート案が採用されず、たとえマンターレン村の負担が多くなったとしても、自然、景観、生態などに配慮された案が実施されたことである。そして完成された水辺の姿には、行政、住民の誰もが満足しているという。

4. トゥール川

トゥール川は、チューリッヒ州シュタイネックを流れる流域面積1,770km^2。一級河川の安倍川はおろか、大井川よりも更に3割も大きい。ところが、計画高水流量は1,450m^3/sほどで、大井川の1/8である。

川幅は約100m、河床勾配は1/900で、スイスでは急流の部に属し、流域面積が大きい割に流出が早く、短時間で洪水になり氾濫する。また、洪水は砂礫を堆積させ、河床の上昇をもたらした。

トゥール川の管理は流下能力を増大させ、洪水氾濫から背後地を守ることであり、1987～1988年に改修工事が実施された。工事の内容は河床を掘削し、高水を造成した複断面とし築堤することである。従来の護岸は、コンクリートブロック積またはコンクリート擁壁であったが、護岸の再整備は捨石または柳技工による多孔質なものとし、屈曲部の水衝部には水制を設置して石張り護岸を取りやめた。

トゥール川の河岸整備は、水当たりの強さ及びその危険度に応じて、外カーブは堅固な材料（石）による工法を主体とし、内カーブは植生による工法、直線部分はこの二つの工法の混合とし、かつての伝統的工法を復元させた。そして、内カーブの一部などは、たとえ侵食を受けてもそのまま許容して放置し、背後地の保全に重大な支障のない限り、生きものに対する配慮を優先してある。

● トゥール川の標準的な改修断面図

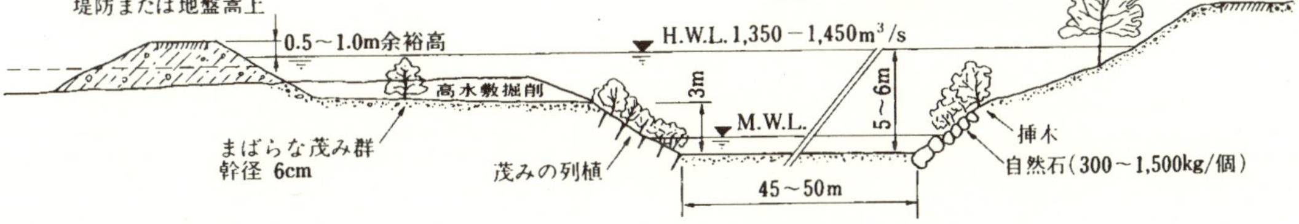

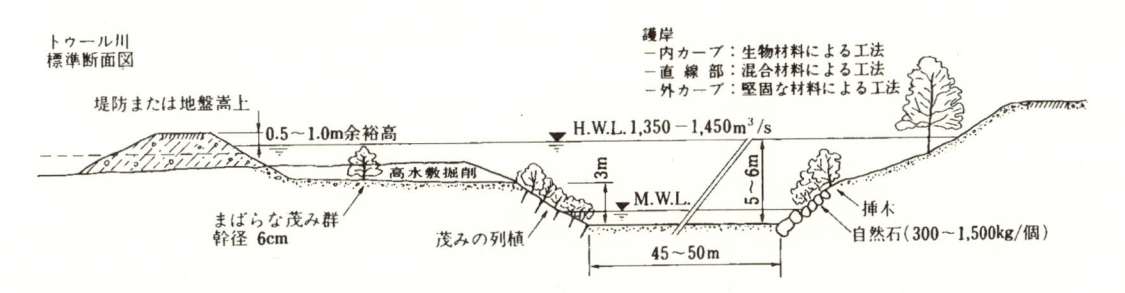

水制は、河川の本流の水当たりをやわらかくはねかえして河川中央に押し戻すために、河岸から流心に向かって突き出す構造物であり、安倍川のケレップ水制をはじめ、かつては日本の河川でも数多く行われていた。

スイスの水制は、流速の速くない小河川では木材も用いられているが、トゥール川のように洪水流量が多い場合は、大きな石を組み合わせていろいろな形状を作る。重さ1トン位の自然石（石灰岩）を上流側に1割勾配、下流側を2～3割勾配で盛り立てて、石のマウンドをつくる。つまり、透

● トゥール川の「ポイント水制」

従来工法と再活性化での川マス生息数の比較

調査日：1987年8月3日　午後
調査場所：Bodemuler

	従来工法による改修区間	再活性化区間
捕獲面積（m^2）	150	150
1　歳　魚	6	14
2　歳　魚	5	21
3歳魚以上	7	14
合　　計	18	49
生息密度（100m^2当たり）	12	33

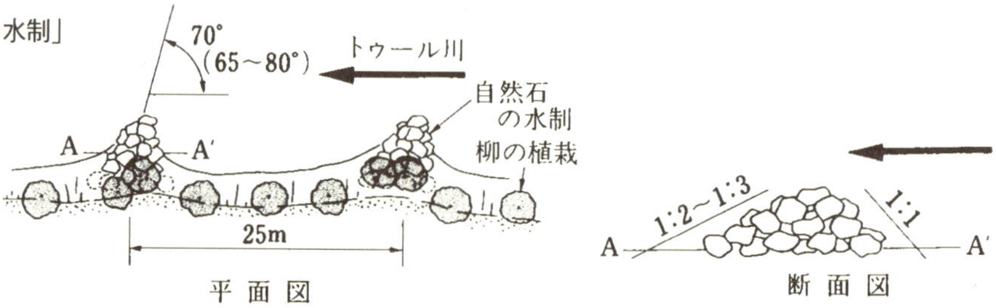

● トゥール川の「ポイント水制」の模式図

過性の水制工である。これを25mおきに上流側に20～30度傾けて配置して、流向を流心に向けるのである。こうして流速の衝撃が弱められて新たに水制の下流側は部分的な水裏が生じ、この場所にも植栽で河岸を守るチャンスが増える。トゥール川では、柳とハンノキなどで法面と河岸を保護している。

1987年の改修直後の洪水ではこれらの植栽も一部は流失したが、流速を落とし、よくその役目を果たしたという。実際、激流にたち向かう可憐な草木は、悲鳴をあげながらも懸命に土にしがみつき、ひどく人間的な動きをする。そして、なおかつその木陰に普通なら押し流される小魚をも抱きかかえているのである。また、これらの自然石と植栽の組み合わせは、すべての生きものにもやさしく、改修工事の2ヶ月後には、早くも魚が集まりはじめ、川マスの生息数はこの工法を採用した箇所で3倍にも増えたという。

ところで、トゥール川の事前机上調査では一つの疑問点があった。川裏にあたる部分に捨石が施され、丸太杭が打ち込まれていたのである。多自然型工法では、当然手をつけないで自然のまま存置しておくべき箇所である。現地でその場所を確認した上で訊いてみた。すると、何とこれは戦車の渡河を防ぐためで、この箇所の工法はスイス連邦軍の要請により決定されたのだという。なるほど、この部分は微高な森が切れ、筆者が参謀でもここを渡河するかもしれない。スイスは国民皆兵で、20歳から60歳まで軍事教練を続け、どんな家でも実弾入りの自動小銃が備えられている。高

巨石護岸はあえて直線的にせず、凸凹をつけて河岸に変化を持たせ、岩陰は魚の子育ての場所にもなる．歩いているところは高水敷で、かなりの頻度で水没する．

● **河岸の巨石護岸（捨石）と柳技工**

石灰岩の捨石の間に挿木された柳が既に芽生えている.

速道路は戦闘機用の滑走路にかわり、チューリッヒの市街地から緑のビロードを敷きつめたような牧野に至るまで、トーチカや戦車防御用の杭を隠蔽して、針ねずみのようになって「平和」を守り続けている国である。「永世中立国」とはかくの如きものなのであった。しかし、河川工法にまで戦争への呪縛が及ぶとは、何という国だろう。

トゥール川沿いの高水敷を4kmほど歩く。洪水の痕跡はそこここに見うけられ、柳技工の柳には草やつるがからみついている。ビニールや紙きれは見あたらず、住家のマナーの良さを示している。勿論、空きかんなどのカケラもない。ヨーロッパの他の国と同様、飲物の自動販売機がないからである。挿木の柳は殆どのものが活着し、よくその目的を果たしているようにみえる。既に細かい根が土をしっかりとらえ、土と十分結合しているのだ。私達の背丈を越えるほどの洪水痕跡にもかかわらず、柳の新しい葉の出ているところは、河岸の植生もまた安定している。

次に右岸に渡る。散村であるから橋が無く、徒歩するのは少し難しそうだと思ったら、仮桟橋が作られていて、組立式の船まで用意してある。水面下の水制の状況を見ると、1トン以上の石がかなり念入りに噛み合わせてあるが、その多くのものはマウンドの型が変型している。逆に言えば、洪水によってなおしっかり噛み合ったことにより、施工時のマウンドの綺麗な型が崩れたのかも知れない。水制の下流側や岸近くに小魚が群をなしていたのが嬉しかった。

●石積み護岸と柳を組み合わせた構造図

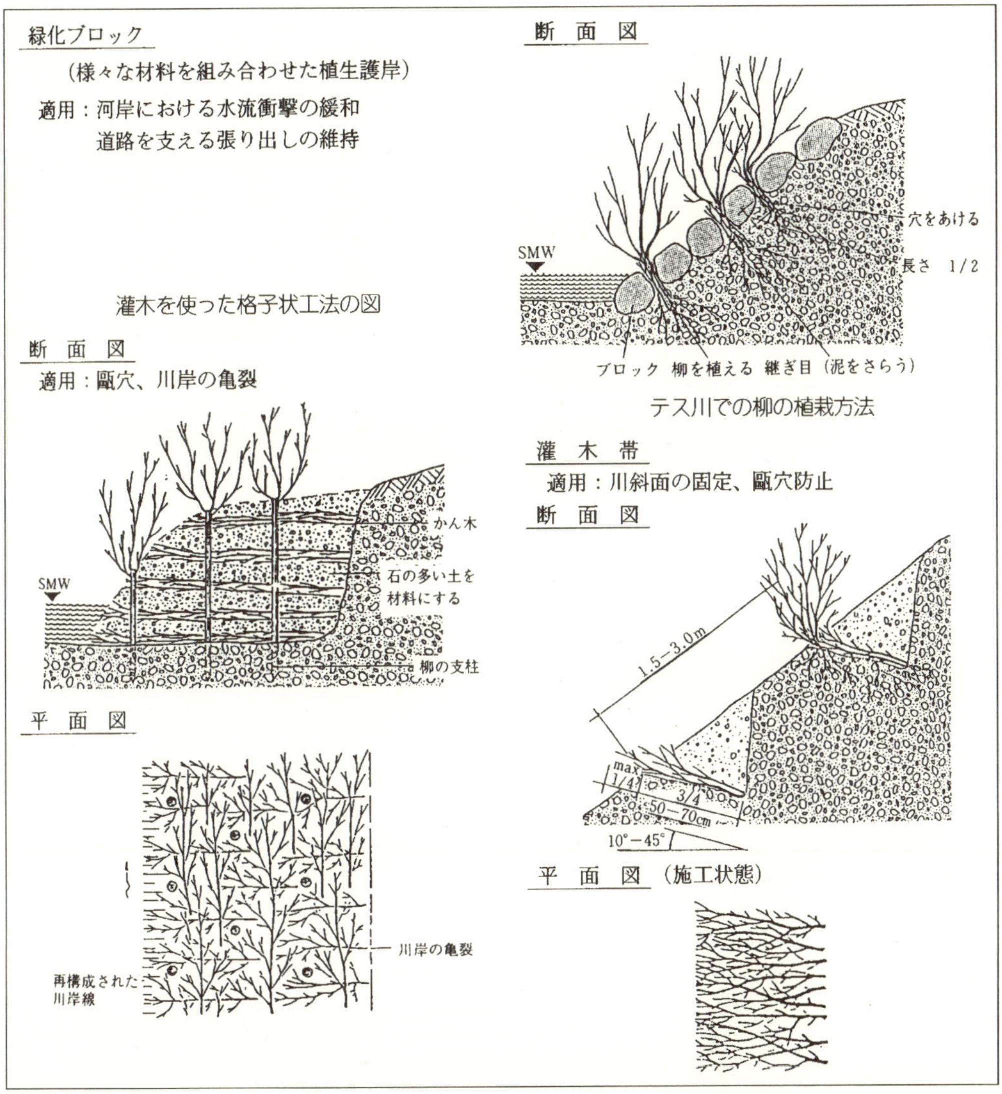

5. ラインの滝

家々の壁に物語をつづるフレスコ画と独特な飾り窓が並ぶ美しい町シャフハウゼンは、スイス領がライン川を越えて大きく西に張り出しているため、第二次大戦では連合軍にドイツ領と誤認され爆撃された町である。ここにライン川唯一の滝（ライン・フォール）がある。

幅115m、高さは23mにすぎないが、冬季の流量は250m^3/s、夏期は600m^3/sを越える。ゲーテはファウストの中でこの滝にかかる虹を書き、ヴィクトル・ユーゴは「あたかも虎の咆哮の如き」と感激した。確かに間

●ライン・フォールと表示板

●ライン・フォールの二つの岩

近で見るラインの滝は壮大の一言。白く泡だつ激流に飲みこまれながらも、そびえたつ二つの岩はビリビリと鳴動し、今にも崩壊しそうな錯覚さえ受ける。

これだけの落差は当然水力発電にも使われていて、シャフハウゼンは北スイス最大の工業都市でもあり、このあたりの高ライン下流部は12箇所の発電ダムを持つ電源地帯で、すべてが滝の保全を前提に成り立っている。

滝は年々後退していく。それが滝の宿命である。しかし、このラインの滝の中央から水面上に顔を出すふたつの岩は、この滝の壮大さを示すシン

● ラインの滝の下流

観光船は信じられないくらい滝に近づく.

ボルでもあり、もしこの岩が崩れれば、ラインの滝そのものの崩壊が著しく早まってしまい、利水上も景観上も好ましいとは言い難い。

調査したところ、実は長年月の浸食によりこの二つの岩はかなり危ういい状況にあり、洪水の時は振動するほどだったという。このため、この二つの岩の修復工事が計画された。工法はふたつの岩を鉄筋でしっかり岩盤に固定したうえ、表面を金網で補強し、その上を耐久性のすぐれたコンクリートを吹きつけて被覆し、表面はかつての岩の状態と全く同じように岩盤状に仕上げたのである。

ラインの滝は観光名所でもあり、ドイツ語、英語と並んで日本語の表示看板さえある。しかし、工事完成後のこれらの対策は目立たず、人の手の加わったものと見抜ける人は少ないだろう。

チューリッヒ市建設局の小川活性化事業

チューリッヒ州市では延長150kmに及ぶ小川を有しており、50～70年前まではまだこれらはオープン水路であった。その後、市の発展と共に市街地が拡大され、洪水対策や衛生上の理由、また第2次大戦中は農地確保等から、市内中心部の小河川のほとんどがコンクリート三面張水路や暗渠にされ、合流式の下水道に取り込まれてしまい、約3/4もの小川が姿を消してしまった。これらのコンクリート断面の水路は、洪水に対して完璧であるが、森林内では動物の往来を分断してしまったのである。

小川の場合でも洪水対策は万全である必要があるが、一方で小川は森と共に存在し、町内では地域の区切りとなって変化をつける機能がある。それは、その周辺に住む人々“いこい”の場所となり、動植物にとっては生活空間そのものである。

そこで市では、これらの下水路化された小川を地表に出し（100mオープン化しただけでも動植物が戻ってくるとのことである）、より自然に近い小川を蘇らせるため、プロジェクトを組んで小川の再活性化を行ってきた。

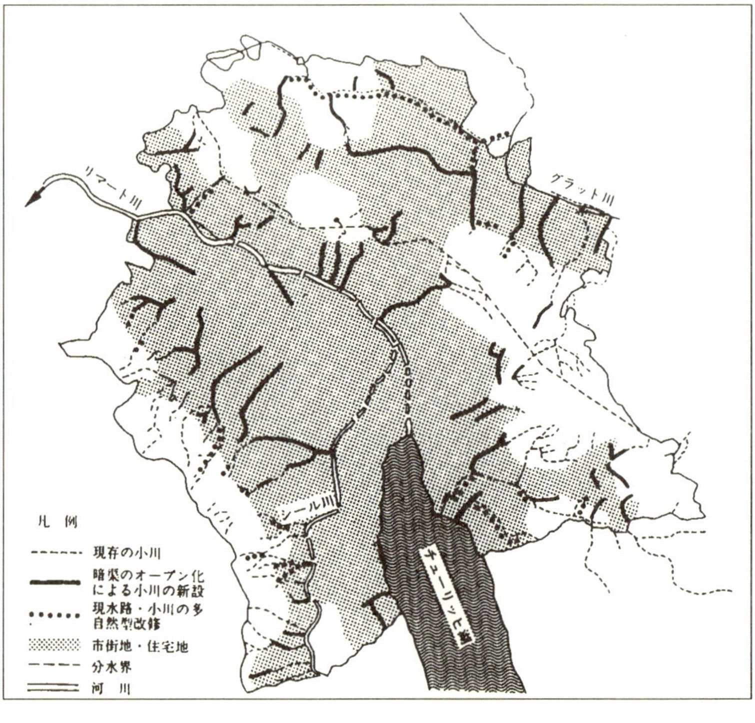

● チューリッヒ市の小川再活性化計画図

●**高水敷にびっしりと並ぶ高木植栽**

水質はよく、チューリッヒ市の小川活性化の水はすべてこの川に注ぐ.

プロジェクトの目的は、

①下水道からの清流分離

②水辺環境の改善

③暗渠のオープン化

である。

これらの整備にあたる基本方針は、

①できるだけ自然に近い状態を回復すること（多自然型工法の採用）。

②小川は通常流量だけを対象とし、洪水時等の一時的な出水は、オーバーフロー装置により下水道に流入されること。

③再活性化に当たり過去の歴史を尊重して、できるだけ昔の場所や状態に再現すること。

④山間部のオープン水路部分と市街地の暗渠部とを一本の小川として総合的な整備を図ること。

⑤活性化された小川にはできるだけ長い遊歩道を設け、散歩やサイクリングにより水と緑に親しめる場所を提供すること。

⑥チューリッヒには1,060もの噴水があり、これらと汚れていない冷却水や湧水等のきれいな水は、小川に流入させること

などである。

これを実現する具体的な手順として、

①プロジェクトグループをつくり、リーダー（下水道、公園または造園関係者）を決めること。ここで多様なプロジェクトをまとめ、基本プ

ロジェクトを策定する。

②グループは、関係部署（下水、造園、都市計画、森林、電気、電話通信、上部官庁等）や、様々の分野（景観工学、生物学、生態学、地質学等）の専門家で構成する。

③住民（特に地元）の了解を得る必要があり、説明会、広報活動等を充分行う（住民の理解が得られない場合、プロジェクトを中止せざるを得なくなる）。

こうして、まず下水道の内の約60kmについて、清流を分離して小川として再活性化できる可能性が見つけられた。

1. アルピスリーダー川

この川は、水質悪化により約80年前に暗渠化された。5年前に道路が改修された際に下水道と水路が分離され、リマト川まで暗渠化再整備される予定であったが、その後計画再検討によりオープン水路として再活性化事業が導入された。この事業により拡幅工事が必要となったが、用地は買収でなく使用権を得る方法で地主の了解を得た。

上部に400年前の水車があり、これを80年ぶりに動かしたり、途中に噴水を取り込み、シンボルにする予定である。

多自然工法でも、調査 — 設計 — 施工という流れは同じである。しかし、設計図は一応作成されるものの詳細な図面は書かず、石の配置、河道の曲がり等、施工時に担当者がその場で裁量する部分が大きい。

●植布による法覆工

その土地と関わりの少ない植生の移入は戒められるべきで、ここでは付近の山から落葉を敷きつめて自然の発芽を待つ.

下水道はこの道路の下に暗渠となっている．新しい水路は住宅と道路の間に造られる．土地買収方式ではなく、借り上げと使用許可による．

工事現場は造園工事の様相であり、河川の中心線は蛇行して、河床には粘性土が敷きならしてあり、その上に郊外から運ばれた小砂利が敷き詰められている。また、河道には適当な間隔で大石が置かれている。法面は勾配や長さがゆったりと自然に見えにようにされ、法面上に付近の山野から刈り取られた枯れ草が置かれて、種子が自然に落下、萌芽するように意図されている。ごみ等の引っ掛かりやすい箇所は、直線的かつ断面を大きくとる等の工夫がなされている。

この川の中流部は、道路と住宅地に挟まれているため拡幅する余裕がなく、水理計算上最小限な断面を取ることにとどめている。ここでは両岸とも直壁となっており、左岸側は石積み、右岸側はしがら工で自然材料を用いて護岸を構成している。

しかし、この中・下流域では約90％の住民が計画に反対した。それは、再活性化により“いこい”の場所ができると、人が集まり閑静な環境が破壊されるという理由による。幸い、市議会の承認が得られたので、街灯を設けない等の配慮をした上で、いわば強行したものである。一方、その下流部ではほとんどの住民が賛成したため街灯を設けている。因にスイスでは、事業費が１億円以下では市独自に実施可能で、1億円～10億円では市議会の承認を得る必要があり、また、10億円を越える場合は市民全員の投票により可否決定することになる。

再活性化により、現在都市下水道に流入している家庭の排水系統は、すべて変更工事が必要となる。この費用は原則的に公共用地分は市が負担し、

● しがら工は空石積による護岸

用地の確保ができなかったためのやむを得ない処置という.

● 施工中の余水吐

手前側は調整池を兼ねた大きな池になる.

● 施工直後の洪水余水吐

通常のきれいな水は小川に流し、洪水時には下水道暗渠に流入させて治水上の安全を確保する. 今後、この余水吐付近は緑化植栽し、緑の中に隠す.

● 施工中の現場

掘削が終わり小砂利を敷き均したところ.

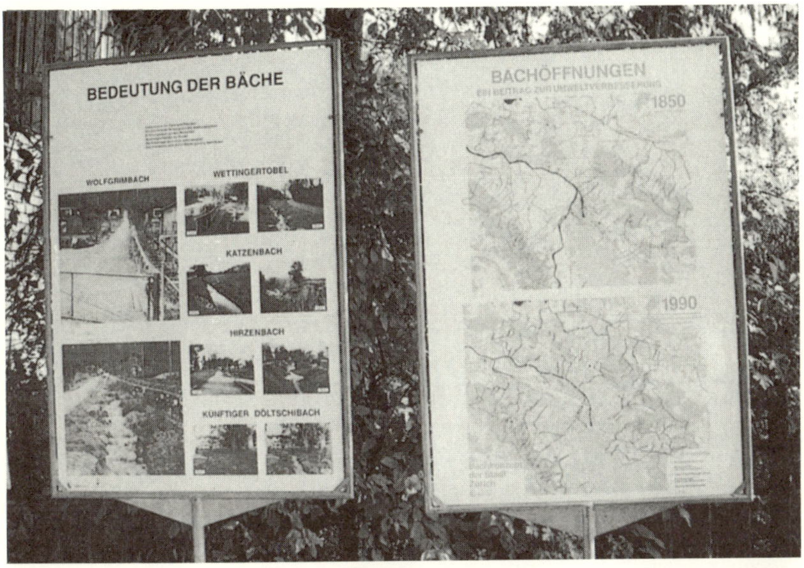

●「多自然型川づくり」の説明板

左はフォートモンタージュ. 右は下水道工事により失われていったチューリッヒ市の川を1850年と1990年と対比し、市民の理解を求めている.

「多自然型川づくり」により、暗渠になっていた川が陽の当たる地表に再生される. 生態系がいかに豊かになるかと絵で訴えている. これらの標識はすべての工事現場にあった.

私有地分は個人負担となる。スイスでは、個人住宅は通常10～20年毎に改修が必要で、その機会に家庭の排水系統も改修されるようだ。

洪水対策は多自然工法であっても最重要事項である。小川の流量は上流部で制限され、かつ都市内では、人目につかない箇所に200～300m間隔でオーバーフロー用の施設を設け洪水に備えている。建設は下水道部門が担当しているが、将来的には道路建設局に任される方針である。この小川の再活性化事業は、延長2km、約5億円の費用であり、約20％が州の補助、残りは市の下水道局の負担になっている。

2. ヴォルフ川

「狼の小川」といわれるこの川は、周辺が自然公園となった森の斜面を流れている。施工中であったが、特別に2時間前に通水してくれた。そのため、流水は最下流部まで到達していなかったが、落差工の水溜まり付近では早くも子供が水遊びをはじめていた。

50年前に下水道化され、側道も以前は階段であったが、小川をオープン化するとともに左右両岸に遊歩道を設け、老人や車椅子でも登れる道に改善した。現在、小川はまだ途中から下水道管に合流するが、将来的にはチューリッヒ湖まで延ばす計画になっている。

この川の治水計画は確率1/10程度で、流出率は市街地0.9、森林0.1、降雨強度は60～100mm/日である。建設費は、林地内の川と散策道合わせて2,000万円で、住宅地内の200m分は3,000万円である。ゆっくりと曲流する小川のあちらこちらに遊水池があり、装置不良時の安全弁、整流等の機能を有した配置となっている。

この宅地部の計画は、当初案が住民の反対にあってつぶれた経緯がある。計画ではフォトモンタージュの如く完成する予定であったが、駐車スペース、道路へのアクセス、衛生上の問題等から反対された。

このヴォルフ川は工事が終わったばかり．私達の到着するのを待って通水してくれた．水が少し茶色に濁っているのはそのせいである．早速、水の匂いを嗅ぎつけた子供が水遊びしに来た．

こんな水路でも多段式の落差工を作ってある．落葉は発芽を期待するためにまいたもの．

出来上がったばかりだから、植生はまだ生えていない．水路の周りに庭園木を植えこむのではなく、自然の再生を期すのだ．橋も当然木橋とする．

左側が現況．右側が完成予想の一案．再生する水路は土地の利用状況を考慮してかなりせまくるしいものだが、これでも地元の了解は得られなかった．車の乗り入れなどに不便になるというのがその理由．

住民に事業の内容を理解してもらうためのパンフレット．左の写真が完成予想写真である．

3. ミューリハルデン川

「水車のある斜面の小川」という意味があり、上流に大きな流域はなく、水源は湧水と噴水だけのきれいな水である。かつては暗渠に流入させていたこの水をオープン水路に引き入れることで、暗渠になって川が死んで以来100年後の小川再生である。

土地はすべて市有地であり、オープン水路の建設費も暗渠化に比べ半分で済んだという。しかし、ここは様々な線管類が埋設されており、この小川の活性化に際しては、むしろ他の役所との調整が難しく、特に電話局との間ではついに調整がつかず、配電盤附近は暗渠化されたままになっていた。

また、リマト川に注ぐ下流地区には、枯れかかった樹を避けて水路はここで屈曲されている。鳥の巣があるため、完全に枯死して危険になるまでは残すつもりとのこと。これらのオープン水路の草刈りは、以前は年に6回行っていたが、動植物の保護のため、今は刈り取りも専門家に依頼して1〜2回にしているという。

なお、土木事業は本来多くの人々と一緒となり、トータルとして人間の環境を改善してゆく技術であった。多自然型工法もこれだけの成果をあげながら、当初は仲間であるはずの土木技術者を説得するのが最も大変だったという。学ぶべきものは、新しいものに挑戦していく勇気と熱意である。

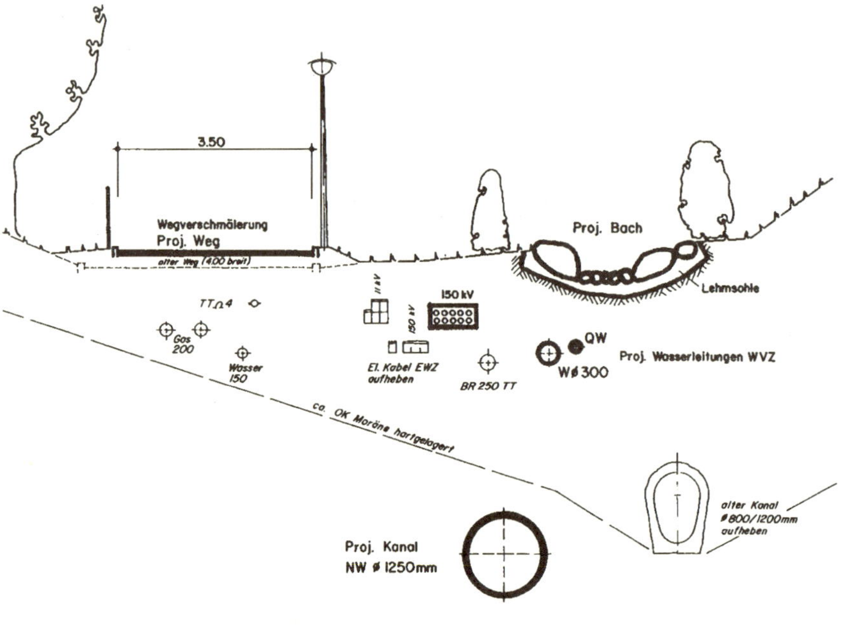

● ミューリハルデン川の計画横断図面

写真の大きな幹の木は、既に枯れかかっている．しかし、鳥の巣があるので完全に枯死するまでは残しておくという．

下水道の暗渠は再生されたオープン水路の下にある．写真右側の道路は、かつて4mあったものを50cm狭くして、車より人の歩くことを大切にして遊歩道に変更された．小川とそれを散策する径や森などと一緒に整備するのも「多自然型川づくり」の思想である．

4. シャンツェングラーベン川

チューリッヒ市には旧市街地を守る内濠と外濠があったが、内濠は埋め立てられて道路になり、外濠も水質の汚れがひどかった。9世紀に建設され外濠はシャンツェングラーベン川と呼ばれ、チューリッヒ湖を源とする人工運河である。右岸は旧市街の城壁となっているため川に沿う道もなく、左岸側も新市街地に接していて道は離れている。さらに、地形上水面は背後地盤よりかなり低い位置にあり、水質の悪化や護岸がコンクリート造りのこともあり、多少大きいだけの下水路のような状況にあった。

シャンウェングラーベン川は10年前に完成したものであるが、川沿いの住民や市民に利用して貰うために再生計画がたてられ、水質の浄化の他、散歩道を設けることとした。

●遊歩道への降り口

水辺へのこの近さがいい．遊歩道も桟橋形式として木を多用している．

遊歩道の目的は、

①車にわずらわされずに、湖と中央駅を結ぶ歩道をつくる。

②水辺に“いこい”の場所を造る。

ということである。設計に当たっては、できるだけ歩道を水面に近づけることと、自然の材料を多く使うことを目標とした。

右岸は石組みの垂直の切り立った護岸であり、左岸に沿って遊歩道が幅2～3m位で設けられている。歩道材料はモノトーンとならないように木材と石畳を交互に用い、水辺には所々に巨石を配している。水面は手を伸ばせば触れられる位に近く、水は澄んでいて魚の群れがよく見え、鴨やオシドリ等の水鳥もいた。また、歩道脇には川の水族館や所々に市の歴史を描いたパネル等を設置してあった。

堀のため解放感には欠けるが、むしろ落ち着いた散策路となっている。それはヒューマンスケールの運河幅、遊歩道の線型、堀面の石組みの変化、法面への植栽、水路方面への視野の限定等により、自然に現出されているためであろう。

III

ドイツの多自然型工法

ドイツ・バイエルン州の多自然型河川工法

ドイツでは、19世紀の中頃より河川改修が促進されたが、第2次大戦後は経済性を重視した復興計画により、湿地、干拓地、農地が積極的に宅地やより生産性の高い土地利用に変えられていった。このため、洪水氾濫区域の開発と相まって、約40,000kmの河川や水路が直線化、コンクリート化、管渠化された。さらに家庭雑排水、工場排水、肥料や農薬などにより河川が汚染され、河川のもつ自然らしさや生態系は大きく損なわれていった。

1960年代からはこうした「川のアウトバーン化」を排し、「川を美しく」、「川に自然を」などの市民運動が盛り上がり、河川整備が地域計画の中に取り入れられ、市町村が独自に策定する土地利用計画との一体化が図られた。さらに、1970年代に入ると、農地整備の一環として河川や小川に従来の改修工法の反省を含めて、より自然に近く、景観や生態に配慮された河川の再生が行われるようになった。

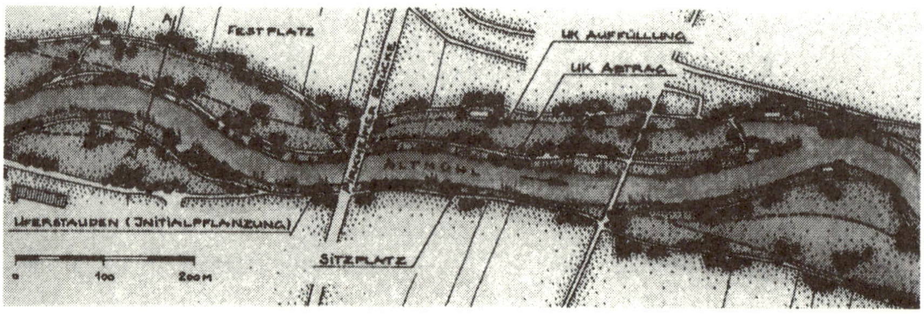

● 直線水路の蛇行化

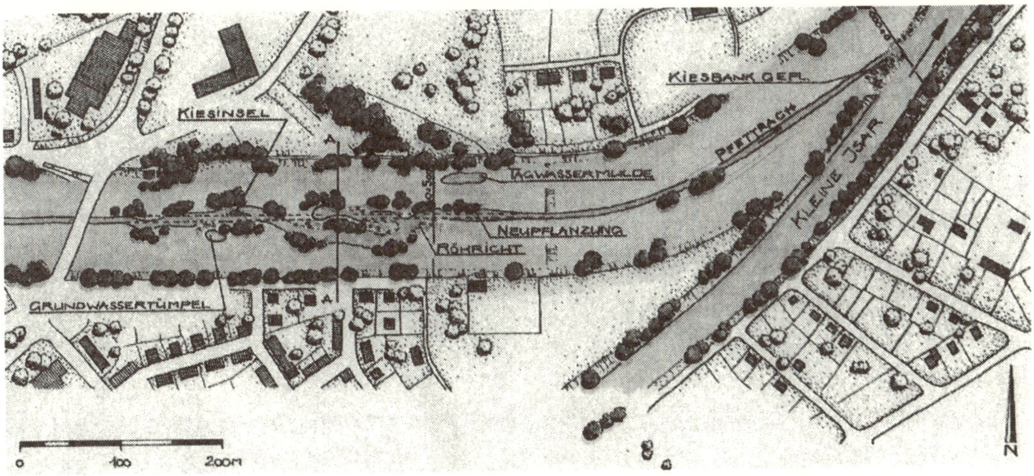

ドイツでは、短時間に集中して仕事をするが、退社時間はきちんと守り残業もない。休日を休むのは義務であり、アウトバーンでは許可を受けない限り、仕事のためのトラックは日曜日には走れない。

40日以上もある年休を消化しない人は変人とみなされ、これらの休みは朝から晩までひたすら森の中だけを歩いたり、特に自然とのふれあいに費やされる。

こうした自然とのふれあいの場を作る技術に大きな影響を与えたのは、ドイツの炭坑の露天掘りであった。これは極めて規模の大きいもので、長さ8km、巾4km、深さ170mという巨大な穴を掘り、一方で残土を埋めながら、牧場、村、町、高速道路、鉄道まで付け替えて、十数年かけて掘り進んでゆく。この時残る巨大な穴を自然の池にし、残土を緑豊かな森の山とする研究と技術に失敗と成功の長い歴史を蓄えているのである。

コンクリート水路を取り壊し、多自然型工法で再生.

バイエルン州では、河川整備方針として、

① 川を自然な型とする。

② 人間のためのいこいの場所とする。

③ 微生物、動物、植物などが生きていける隙間をつくる。

④ バイエルン州内の川をすべて遊泳可能な川にする。

などをあげ、河川が蛇行できるように付け替え、多様な水深をつくり、様々な草木や樹木を河岸に配した、新たな「多自然型川づくり」が考えられ、地方自治体が実施計画をつくり、州がそれを補助してゆく「河川再生」のための事業が進められている。

バイエルン州は、南のアルプス山麓チロル地方から、北はババリア地方に至る旧西ドイツの1/3を占めるドイツ最大の州である。降水量は北方のミュールドルフが800mm/年、ここローゼンハイムが1,100mm、アルプスに近づくに従ってさらに多くなり、チロルでは年平均水量が日本と同じ程度の2,500mmに達する。ヨーロッパではスイスと並んで降水量の多いところといえる。

ドイツでは日本のような縦割行政ではなく、州毎に水に関する一切の管理を全国に24ある州水管理局で行っている。このバイエルン州水管理局は、さらに出先機関として水管理事務所を持っている。

その一つであるローゼンハイム水管理事務所は、大河川204.8km、重要な湖23.5km^2の外、小河川110.0km、指定水路134.0kmを管理している。ここの事業費は117億円であるが、治水対策が既に相当の進捗にあるため、河川改修に対する比率が5％程度と小さく、事業費の75％が水質の改善のために費やされているのが特徴である。

河川再生のための最も重要な点は用地の確保であるが、大河川はすべて

●旧西ドイツの河川図

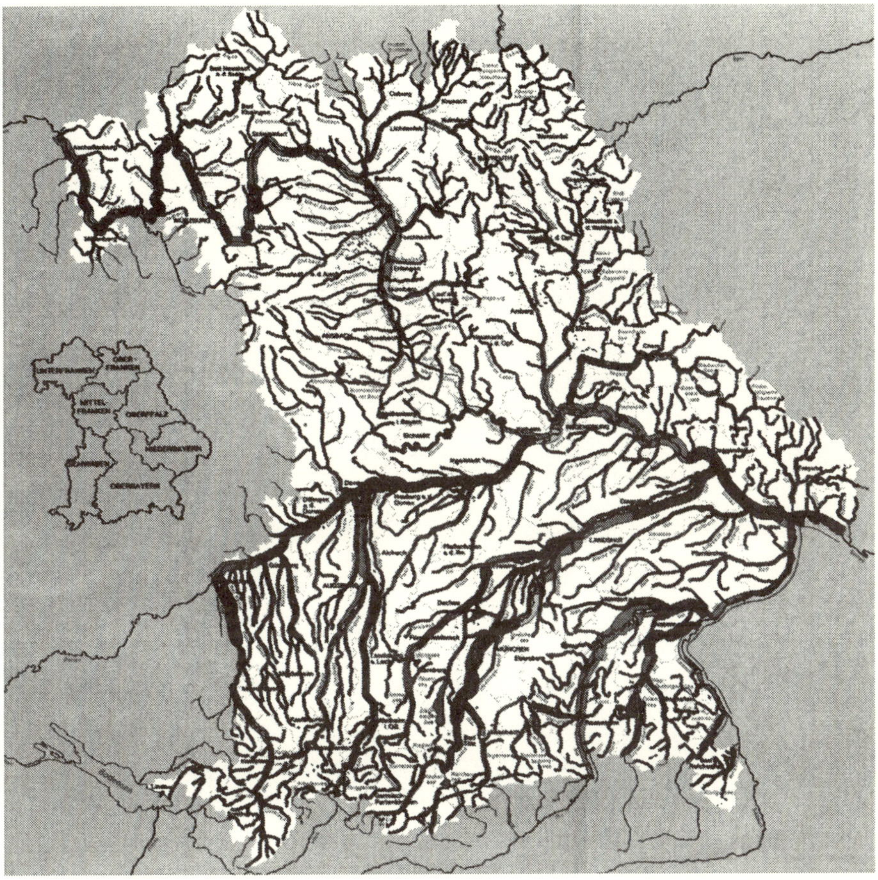

買収済み、小河川の場合は片側5m（将来は20m）分の拡幅用地を40％確保している。用地買収はドイツとて難しいことも多く、土地を手放せない地主には1年当たり15ペニヒ(14円)/m^2で土地を借り上げて土地所有者の放牧や耕作を許容し、土地を地主が利用できないときは25ペニヒ/m^2で土地の借地使用権を得て、事業を柔軟に進めているという。

多自然型川づくりでの問題点は維持管理である。樹木は年々成長し、この工法が自然や生態に適しているかどうかの検証や判定は、10年ないし20年という長い年月を有す。維持管理は半永久的に続くのである。ドイツの河川や小川の維持管理は、通常地方自治体が行うが、ヘッセン州などでは住民が管理する制度が出来ている。これは「小川の里親制度」と呼ばれ、小川を里子、その世話をする人を里親とみたてている。里親は誰でもなることが出来、地方自治体と契約して小川の観察や河岸の植栽、植樹の世話、清掃などを行う。管理に必要な材料費は自治体より支給され、事故に際しては保険が適用される。

今後、日本においても「多自然型川づくり」を行っていく上で、十分参考になる制度であろう。

● Luckenbach川の再改修計画

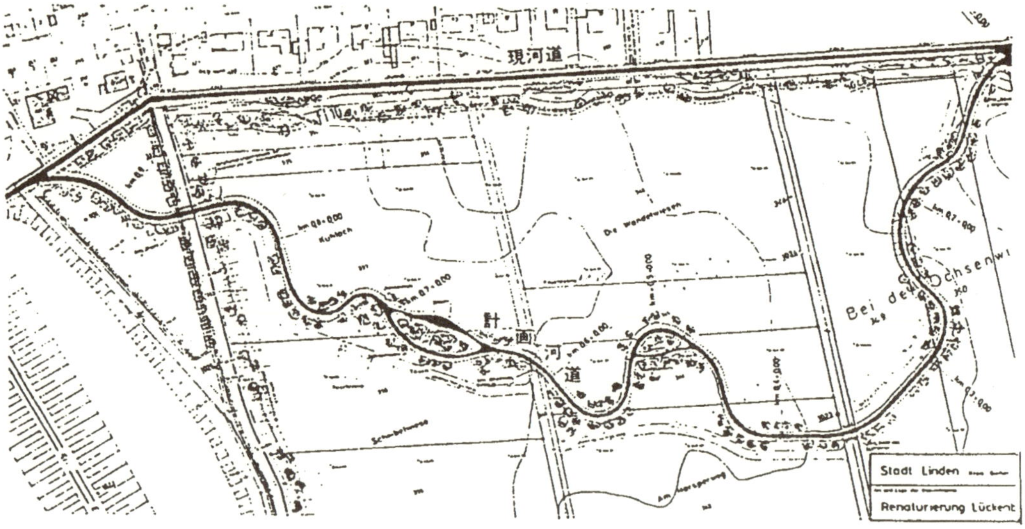

● ホルツ川再改修の目標

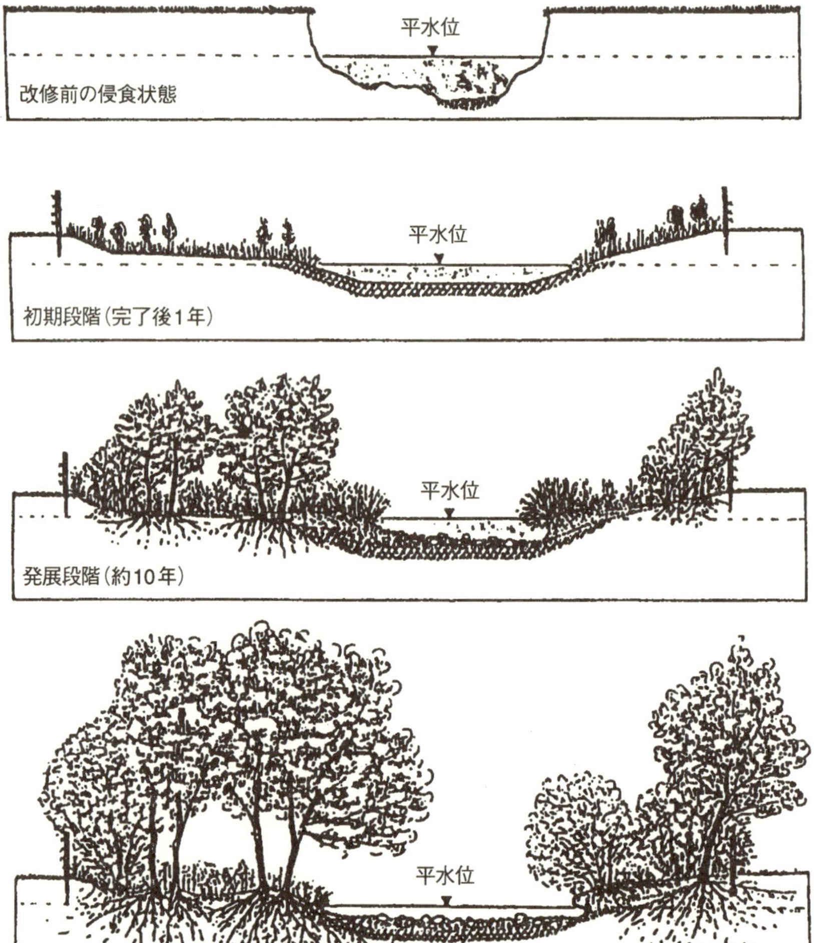

● ホルツ川の河川再生化の例

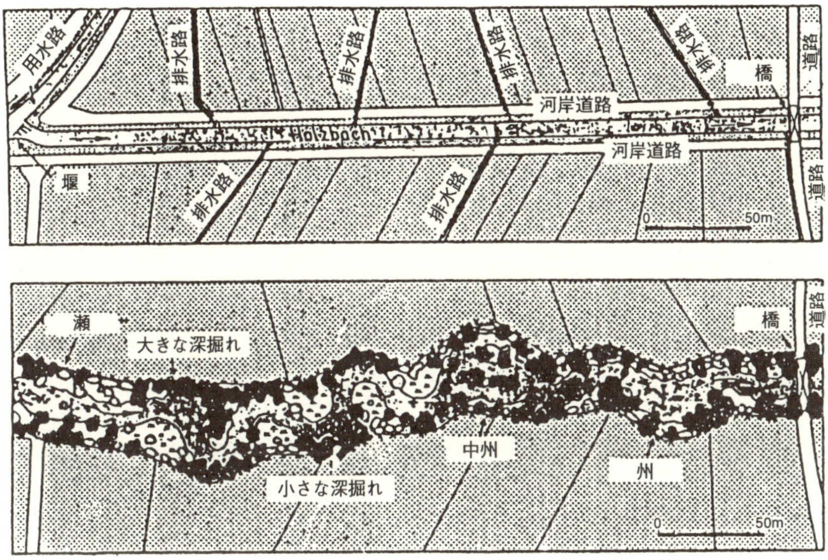

（a） 1939年の改修後の河道
（b） 1986～1987年の再改修後の河道

● ホルツ川の再改修河道の縦断図

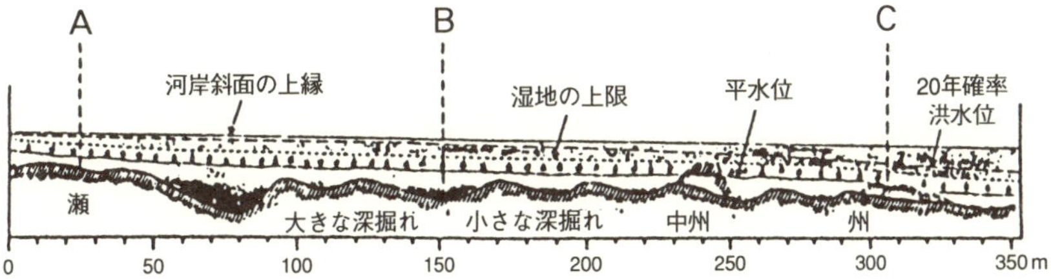

● ホルツ川の再改修河道の横断図

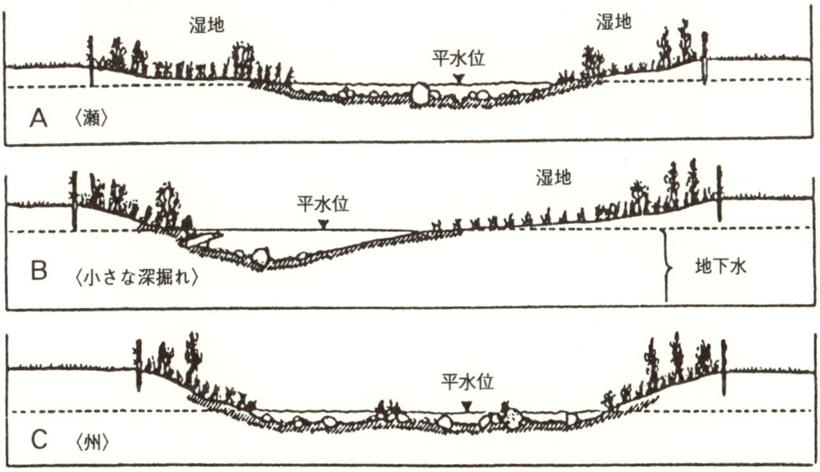

● **多自然型河川工法のタイプの例**（施工時と植生発展後の状況を示している）

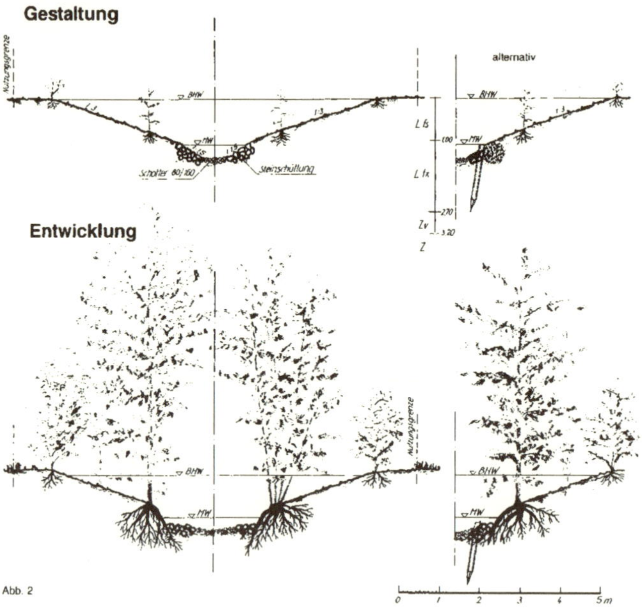

Abb. 2

Grundlagen:
A_{Eo} ≈ 20 km²
I = 10 ‰
MQ = 0,300 m³/s (Mq = 15 l/s · km²)
BHQ (HQ_{10}) = 8,00 m³/s (BHq = 400 l/s · km²)

Bodenprofil:
0 – 1,00 m feinsandiger Lehm (Lfs) (Staunässe)
1,00 – 2,70 m toniger Lehm, steinig (Ltx)
2,70 – 3,20 m Grauwacke verwittert (Zv)
ab 3,20 m Grauwacke (Z)

Beiderseits wird Grünlandnutzung betrieben. Hochwasser kann ausufern.

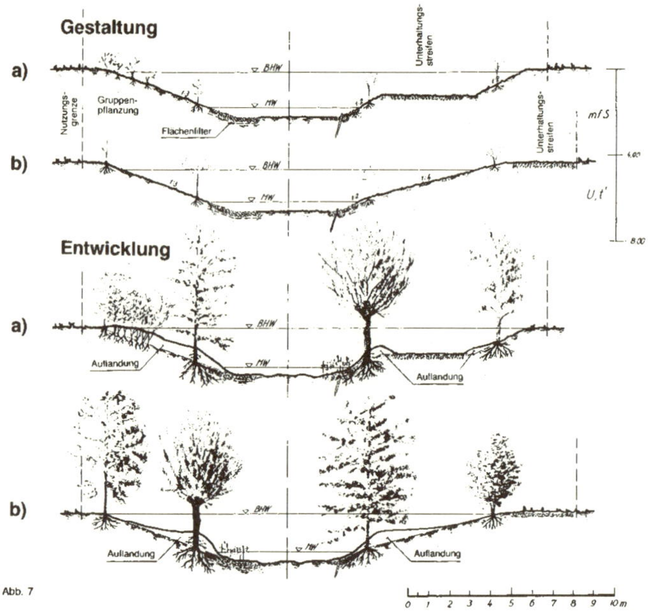

Abb. 7

Grundlagen:
A_{Eo} = 120 km²
I = 0,5 ‰
MQ = 1,20 m³/s (Mq = 10 l/s · km²)
BHQ ($SoHQ_{10}$) = 18,00 m³/s (BHq = 150 l/s · km²
HHQ = 36,0 m³/s (HHq = 300 l/s · km²)

Bodenprofil:
0 – 4,00 m mittelfeiner Sand (mfS)
4,00 – 8,00 m Schluff, schwach tonig (U, t')

Das Gewässer führt Sand, besonders bei höheren Abflüssen, Hochwasser kann ausufern (Grünlandnutzung im Überschwemmungsgebiet).

● 西ドイツ多自然型工法の実施例

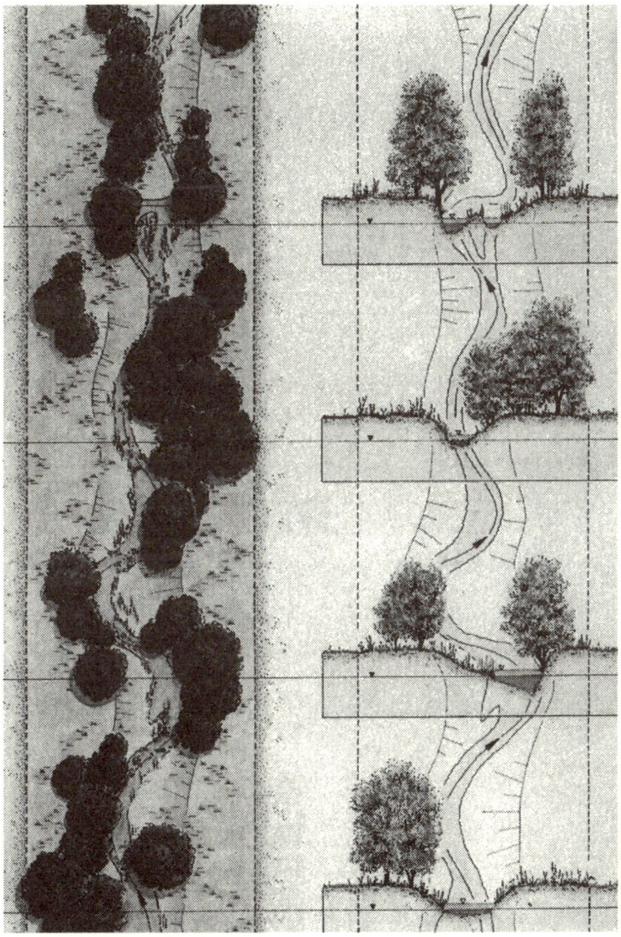

● 堤防づくり

▼　築堤工事

▼　練り石積み護岸の上を覆い植栽する

▼　堤防完成

天端は柳で囲まれた散策路

● 堤防断面

法面は練り石積み護岸にし、堤防の中には真壁を入れて堤防の破壊を防いでいる.（出典：リバーフロント、1990, Vol.8）

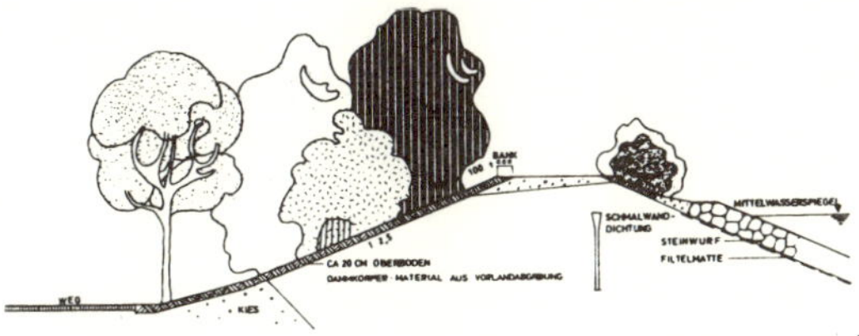

Abflußhauptwerte:

NQ	0,2	m^3/s
MQ	0,5	m^3/s
HQ1	15	m^3/s
HQ5	30	m^3/s
HQ100	135	m^3/s

Gewässer-Einzugsgebiet:
164 km^2

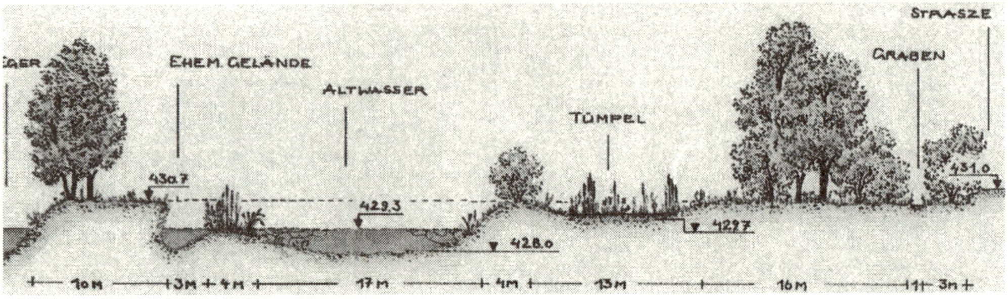

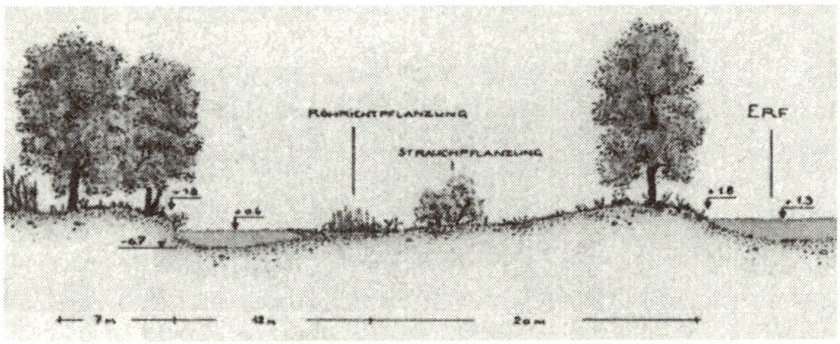

1. シェリーラッハ川の落差工

シェリーラッハ川は、シェリラブ湖を源としてミズバッハを流れる流域面積56.1km^2、計画高水流量80m^3/Sの小河川である。

かつては、発電取水のための高さ4.5mのラウハ堰が設置されていたが、発電所の停止に伴い堰が撤去されることとなった。このラウハ堰の周辺は住宅地であり、堰の改築を契機にシェリーラッハ川の再活性化が図られることとなった。

計画は、

① 住宅地の環境に調和すること。

② 魚の回遊や生きものたちの流れに配慮したものであること。

③ 子供達が川に近づき、川で遊べること。

を目標とし、生態系の保全のためコンクリートは使わないこととした。

落差は5mに及ぶため、長さ200mほどの長い斜路（ランプ）とし、無数の自然石を亀甲状に巧みに階段状に配してある。石組みは、洪水時にも崩れないように鉛直方向に縦長に深く埋められ、礫、砂などが充分つき固められて堅固な構造になっている。「石だけの噛み合わせだけで大丈夫」かという質問に、「何回も計算し、3年にわたり試行した上での採用だから心配ない」とのこと。ドイツの工事説明は、感性でどんどん試行するスイスと異なり、必ず難しい理屈とギラギラした自信がついてまわる。

● 高さ4.5mの取水堰を改良した渓流多段式落差工

見えているのはいわば氷山の一角で、石は縦長に2/3ほど埋め込まれている．水面下の部分も石と礫が充填され、コンクリートは一切使われていない．

工事は水の切れ廻しもせず、僅か2ヵ月で完了した。工事費は15万マルク（1,400万円）。石は20km離れた岩山から切り出され、現場着価でトン当たり4,500円。日本と同じ程度の単価である。

何れにしても、多段式の落差工を音をたててリズミカルに流れる渓流は、景観として見るものを圧倒する。堰により閉ざされていた魚の生息環境の改善が図られ、上流の下水処理場からの放流水が結果的に曝気されるわけで、浄化効果も期待できる。附近の人々もこの新しく生まれた変ったこの川を「石畳の川」と呼んで親しんでいて、河岸には自発的に花を植えたり、ベンチを置いたりしてくつろぎの場としている。

2. ロタッハ川

ロタッハ川は、オーストリアとの国境バイエルンアルプス山地を源に、テイゲルン湖に注ぐ流域面積31.3km^2、計画高水流量44.1m^3の小河川である。

河床勾配は1/50ときつく、以前は冬期の暖房用の石炭や木材を運搬する船が往来したこともあり、河川は直線化されて淵や瀬は低水路掘削により消滅していた。平坦な直線的な単断面構造で、水際部も石積みによる護岸が施工されていた。このため、ここに棲みついていた川マスもその姿を見られない、あわれな川になってしまった。

近年、暖房方法も変わり、舟運も考慮する必要がなくなったことにより、

かつては落差工のあった所なので、河床勾配はかなりきつい. 石は縦型に埋め込まれ、河床は砂利や礫、岩石などが敷きつめてある.

このロタッハ川の再活性化が計画された。まず、生きものたちの生息する可能性を多くすることを主眼とし、緑の確保と直線的な河道を改築することからはじめている。

河岸の樹木はすべて残すこととし、失われた箇所は、かつてこの地にあった多様な樹種を補植する。法面は、形状、法勾配をあえて一定にせず、なるべく自然の状態に近づけ、あらかじめ川の蛇行出来る横断型の隙間をつくっておく。

水際部は石積工をすべて撤去して、法先部は巨石を新たに不整形に配置した置石を行う。水衝部についても、若干、石を組み合わせた柳技工とする。河床も泥質な土砂が堆積していたため、その多くを取り去って砂利または礫質土に置きかえる。

そして、このロタッハ川の改修で一番大事なことは、自然の淵と瀬をつくるための縦断の修正である。水の流れに変化を与え、多様な魚が生息できるようにするため、ロタッハ川ではさまざまなタイプの落差工がつくられている。

① 連続した複数の段差を持つ落差工：複数の石を不規則に並べて小段差を連続させる。

② 大きな段差を持つ落差工：魚の助走区間と休息場としての大きな魚窪地（淵）をつくる。

③ 小段差の落差工：直系60cmほどの石を横断方向に不規則に並べて段差をつくる。

④　緩勾配の瀬：石、礫を緩勾配の河床に敷きつめ、緩やかな「瀬」をつくる。

これらの石を用いた種々の落差工築造は、魚の活動パターンをよく理解して、巨石をそのポイントに配して淵をつくり、礫や小石はむしろ堆積するのにまかせる。したがって、洪水時での河床変動と土砂の動きを知ることが重要である。

勿論、これらの落差工構造物はコンクリートを一切用いず、石組みだけによるものであるから、落差工下流の水叩き部分は洪水時に深く洗掘される。あらかじめこれらの河床変動を予想して、河床より2m以上深くに巨石を敷きつめてある。

置石などの石も、洪水に対して十分な抵抗力をもつように3m程度も埋めこんであり、景観、生態系上に配慮してこうした目にみえない部分、つまり、力で頑張る分をきちんと整理しておくことがなにより大事であろう。

また、河岸の水際より少し突出して石が2～3個置いてあるが、実はこれが小型の水制であるという。また、落差工まわりの河岸には法面に石が上下流に比べ、かなり多く置かれている。これは落差による洪水乱流より法面を守るものである。一見しただけでは判らない、こんなさりげなさに設計・施工者の姿勢が伝わってくる。しかも、このロタッハ川では、何回かの洪水による水制の石の流失や、小規模な法先の洗掘はすべて放置したため、自然の働きにより川はより自然に流れ、石はより一層「いごこちの良い場所」に収まっている。

置石の下流側には必ず淵ができる．その淵の造成により流失されないだけ捨石は縦型に十分埋め込んである．

何気なく石を組み合わせた小段差の落差工．直線化を排除すると共に河岸の乱流に対しても洗堀防止の捨石を施工してある．

● 河川管理用道路

自然豊かなジョギング道路として使っている．左の林は堤防より僅かに低いがほとんど掘込河道である．

この河川改修は3年間ほどかかっているので、その間少しづつ工法も異なってきている。川は各々の川で表情や性格が違うのは無論のこと、同じ川でも場所により水の動きは大きく異なる。様々な試行をくり返して、川と自然に教わって修正していくのであろう。

見てみれば変哲もない石ひとつ、野草一本、これらのものすべてが、人々がそれぞれの川への、また自然への、また生きものへの思いを込めて甦らせた自然なのである。うれしいことに、絶滅していたはずの川マス（バッハホラリ）が、日ならずして何処からか戻ってきて、今、楽しそうに泳いでいるという。

3. テゲルン湖の湖岸整備

テゲルン湖は、ミュンヘンの南東部約30kmに位置する面積10km^{2}の湖で、ロタッハ川もこの湖に流入している。修道院があったことより名付けられ、かつては碧水を貯え、緑に囲まれた美しい湖であったが、湖畔が別荘地として開発されたため、湖岸はコンクリートの壁でとり囲まれてしまった。

さらに、1960年代までは周辺地域からの汚水も直接湖へ流入しており、湖の水質も憂うべき状況にあり、コンクリート護岸の根固めが洗掘を受け、この改築をする必要もあった。

バイエルン州では、これらの環境改善対策として、湖周辺の下水道を整備して処理水は河川へ放流することとし、コンクリート護岸は撤去して自然河岸に改築することとした。

当初、湖畔にアシや笹を植えて植生で波浪に対処しようとしたが、土壌に適していなかったためほとんど成育しなかった。そこで、湖岸は緩やかな渚の状態にした上で、湖岸から20.0m間については石を敷きつめ、砂利を敷きならすして養浜することにし、1：20程度のゆるやかな渚にして波を消す目的も果たしている。

また、水際部はほとんど直接的であったが、巨石数箇を置いたことにより、波の力で汀線に変化ができ、より自然らしくなっている。

- **この部分にはコンクリートの壁があった**

超緩傾斜の護岸は陸上部のみならず、水面下にも岩を敷きつめ、砂利を置いて水深を浅くして消波効果と湖への親水を高めている．所々に置かれた巨石により湖岸汀線に変化をもたらしはじめているのが判る．

「アシや笹を植えたのは、私達の失敗でした」と担当者は言う。ここでの植生の変遷に関して勉強不足だったともいい、このことで、①自然に逆らわず、人間の思いだけで植生を選択しないこと。②あらゆる分野の人の協力を得て、特にその土地の人の言葉を大事にすること。③自然の働きを大切にすること。などを学んだという。

水上レジャーに支障があるとして撤去されてしまった干潟を再生する際に、この時の経験から、かつてそこに柳とアシが繁っていたことを確認して植え付けたところうまく根付き、この植生は湖水の水質浄化と鳥などの巣作りに役立っているらしい。

右の浅瀬にはアシを植えたが失敗．かつてこの場所にはアシが無かったことも判明したため、植生は行わないことにした．「自然に逆らわぬこと」これが多自然の基本である．

夥しい鳥の群が乱舞している．湖面の色が変わっているところまでは、人間の背丈が十分に立つ深さになくよう養浜してある．

今、このテゲルン湖には流れゆく雲がその姿を映し、空を満たす鳥が訪れるようになり、かつてこの湖が、人間はおろか渡り鳥さえ避けていったとはとても信じられない。

4. イン川（ヴァッサーブルグ・アム・イン）

ヴァッサーブルグ・アム・インは、イン川に沿う水の城を意味し、文字通り大きく180度左に曲流するイン川に三方向を囲まれた半島状の地にある。

イン川はドナウ川の支流で、流域面積11,983km^2にのぼる一大河川であり、この上流にはオーストリアの美しい古都インスブルックがある。ローゼンハイム水管理事務所が管轄する最も重要な河川であり、ここヴァッサーブルグ地点での計画高水流量は100年確率で2,850m^3/S、既往最大洪水は1985年7月の2,660m^3/Sを記録している。また、この川は安定した流況を利用しての水力発電や利水にも重要な川である。

ヴァッサーブルグは中世のおもかげを色濃く残す街だが、降水時にはイン川の水位が5m以上も上昇し、街中が水浸しになるほどの被害を受けている。イン川に架かるたった一つの橋の畔には、その洪水痕跡が壁面に残

● ヴァッサーブルグの街

されている。この洪水の進入を防ぐためには、イン川を狭めることなく、街の周囲に高さ5mのコンクリートで城壁の如く巡らさなければならないが、景観上からの問題も多い。

ここの改修計画の基本プランは、住宅が近接していない部分については、盛土による築堤方式として緑を作る一方、住家近くではコンクリート壁を二段式にして景観を少しでもやわらげると共に、小段に植栽して高段の壁を緑で遮閉する。低段の水際部はコンクリートの基礎をきっちりと根入れを確保した上、自然石の捨石と柳または雑木を植栽して壁面の露出部分を極力少なくする。また、コンクリート壁については景観上の工夫をすることである。

しかし、特にコンクリート壁面の処理については大いに悩んだらしい。コンクリートの骨材の砂利などについても吟味を重ね、これを表に出すためチッピングをすることにした。キラキラしたコンクリート面ではなく、ゴツゴツとした壁面はうす黄色になり、いかにも歴史を経た構造物のような顔をしている。こうしたうまく「よごす技術」もまた、ヨーロッパは随一である。

粗骨材の色と大きさ、チッピングの厚さを9mmにするか7mmにするかなどは、何十種類もの試作を作ったという。大体ドイツ人は、たとえば教会のドームの高さが何メートル何センチなどという話になると口角泡をとばしての議論になり、コンクリート梁深さのミリ単位など、どうでもよさそうだが、こういう数字はきちんとしなければおさまらない国民性のよう

● ドナウ川支流イン川

洪水位高が高いので護岸を２段敷きにし、洗掘防止の根固めを柳技工を行って緑を確保してある.

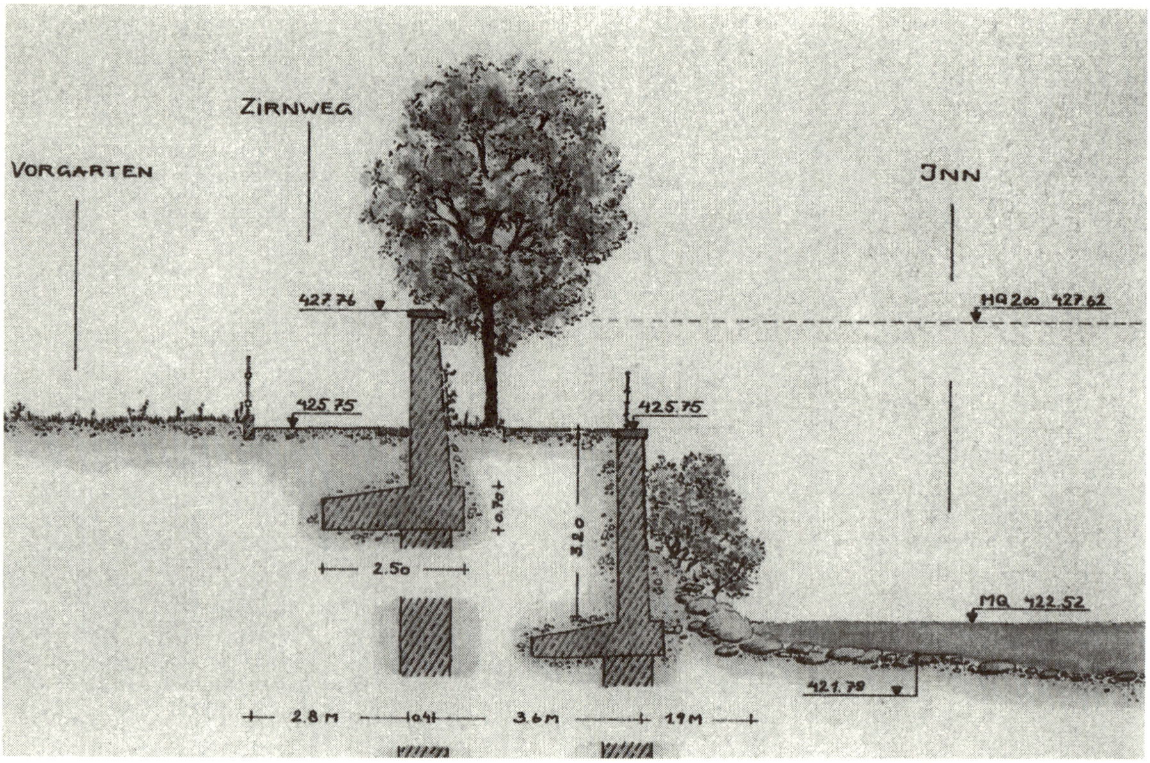

だ。わが国の伝統技術の職人も同様だが。

築堤部とこのコンクリート擁壁の接点も、またその処置をめぐって議論になり、結局コンクリートの壁を少しづつ築堤で覆ってしまう方法で馴染みよく擦り付け、端部は植栽でうまく隠してある。

盛土による築堤も、日本のように幅も高さも定規をひいたように一定ではなく、起伏に富んで緩やかなアップダウンにさせる。また、堤防の法線も直線的でなく蛇行させ、天端道路の幅員をまちまちにして、広くなったり狭くなったりさせている。

堤防の高さを左右岸で変えるのは、日本では絶対にしてはならないことだが、ヴァッサーブルグの場合は左岸側だけに市街地があり、右岸側は流れで壊れることのない崖となっているため、こうしたことが出来るのであろう。

築堤部の法先には、巨石による水制工と柳による植栽で内カーブしながら洪水流を流心に近づけ、市街地から遠ざけるようにしてある。これもまた、右岸側の崖にぶつかって跳ね返されてくる洪水を考慮したものであろう。水衡部は洪水量の大きさによって場所が変わるから、イン川ほどの大河を制するために大切なことである。

植栽は、川表側の低木から築堤天端附近の高木まで幅広く行われており、法面にはポツリポツリと石が置いてある。こんな石ひとつにも、これはイン川の何処から出たものとか、この石は木の根を護るためとか、いちいち講釈がつく。

1899年の出水状況

ヴァッサーブルグは直訳すれば「水の城」であり、イン川が運ぶ土砂の上に栄えてきた．今なお中世の佇まいを残す人口１万人の小さな町だが、1899年の洪水では市域の２/３が水没した．

既往洪水表示板

既往洪水水位表示板（拡大）

● 1984年現況

● 施工後

● 築堤部と特殊堤（パラペット）の接点

植栽でなじみよくとりつけてあり、不自然さを感じさせない.

洪水は左側のコンクリート壁で守り、散策路の川側に配してある．径が直線でないところが良い．

● ポケット水制の土砂堆積状況

● 水際部の高木植栽（水制の水裏にある）

途中、築堤の真ん中に楡の巨木がいかにも堂々と威張って立ち、この部分は堤防が川側に張り出されて、法勾配も急で空石張りになっている。堤防としてはひどく窮屈な構造だ。実は、この樹は初め切るつもりだったが、住民との話し合いで残すことになったらしい。

このヴァッサーブルグの植樹は、必ずベンチやパーゴラ、モニュメントなどと組み合わせ、景観上からだけでなく、この堤防を緑いっぱいの公園化として、ここを散歩する人々に休息の場所を提供している。木陰ひとつない堤防の遊歩道に人の集まる道理はない。日本の川でも、堤防の民地側の定規断面外に盛土しての高木植栽なら不可能ではない。

夕方になると、人々が町のあちこちからこの堤防の遊歩道に集まって来る。子供達が犬を連れたり、奥さん同志が語らい、水辺と川を眺めながら散歩している姿は、ほんの少し前に私たちが失ってしまったもののひとつかも知れない。

5. ルール川

ルール川は、ドイツの西の端、旧首都ボンよりさらに西側のベルギー国境に近いアーヘンの町を流れる。このアーヘンは、カール大帝がフランス王国の首都として居を構えた栄光の古都である。

この川は一次改修が終わっていたが、上流にダムが完成したため河積の余裕が生じ、高水敷を造成し遊歩道の整備をした。このルール川の場合も自然豊かな川に再生し、レクリエーションの場とするという。現場は落差工を設置している箇所であった。川の全断面を自然石により1：25の勾配ですりつけた渓流型の落差工で、表面は大きな凸凹が出来るように埋め込んである。魚のための遡上とエアレーションによる水質効果をねらってのことであろう。

護岸も植生を基本としたソフトなものだが、この渓流落差工の周囲だけは張石工により乱流から保護している。河岸の植樹は植えたばかりで、幹の根元をお呪いのように白いプラスチックで囲んである。鹿に噛じられないためとか。こんな住宅の近接している場所でも鹿がいるのだ。

このルール川の堤防天端の道路も、樹々の緑がおりなす回廊の中をゆっくりと曲がりくねりながら、いかにも楽しそうな遊歩道になっている。折しも、犬を連れて散歩する子供達とすれちがい、妙なものがいるという顔付きで何度もふり帰った。確かに、こうしたさりげない川では背広姿は似

● 渓流落差工上流側

● 水際部と高水敷の状況

合わない。自然のままの川と付き合うには、礼儀、態度はもとより、服装も変えなければならないのかも知れない。

6. マングファル川

マングファル川は、テーゲル湖から流出する中小河川であり、河川勾配は概ね20/1,000である。この河の護岸は1985年までの環境法等にもとづきすべてコンクリートで出来ており、以前は下流都市ローゼンハイムまで木材を流していた。水量は最低1.02m^3/S、普通16.8m^3/S、最大249m^3/S

であり、水量の調整をテーゲル湖で行っている。河川改修は延長800mを多自然型工法で行ったものである。施工前の写真をみると、両岸共コンクリートで50mに1ヶ所位堰があり、河床と護岸を守っていた。そのコンクリートを全部壊し、ローゼンハイムの石切場からの石を両岸に法長約2.5mで自然にマッチするように積みあげ、50mに1ヶ所位の間隔で、水制を5～7m出してある。これも本当に自然な形で出してあり見事という他はない。

河床保護のため横断構造物は、落差が大きいほど川上に向かう生物種の移動を（魚だけでなく）妨げる。このため、横断構造物として河川中に大きな石を並べ流速を調整している。石の下方には自然に深くて水が淀むところが出来、魚の生息場となる。また、両岸にも200kg～1t位の大きな石で護岸がなされている。石と石との間にすき間があり、魚や水中動物のすみかとなる。また、水のない部分は草や木が生え、護岸を草木の根により自然に補強している。ほとんど護岸工事をしてあるようには見えず、川の中に並べられた石もごく自然である。内容的にも自然が復元したことは、実際に花や蝶、魚、水生動物等がたくさん目についてことによって確認された。

●平面図

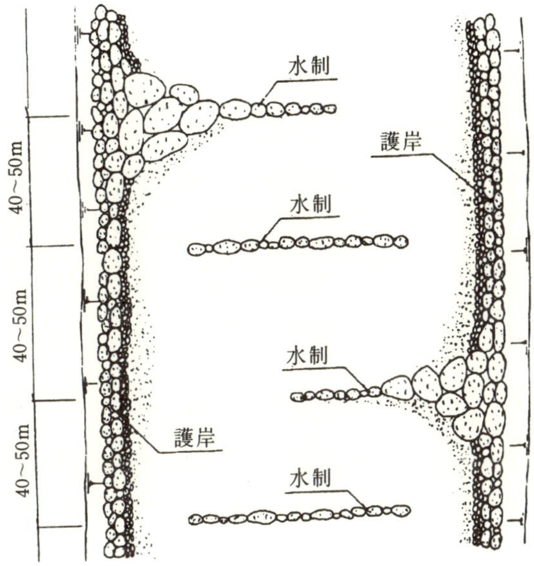

●水制部分横断図

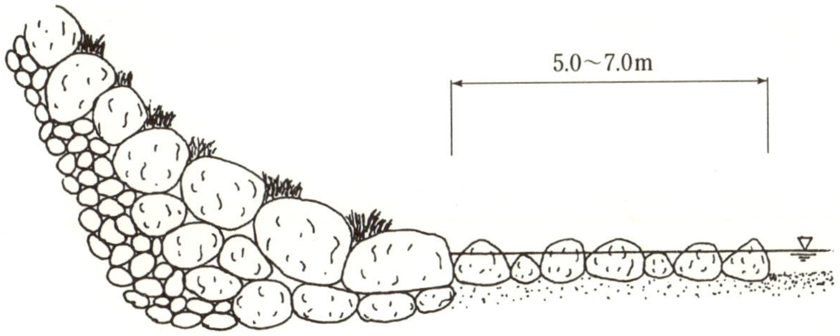

●護岸断面図

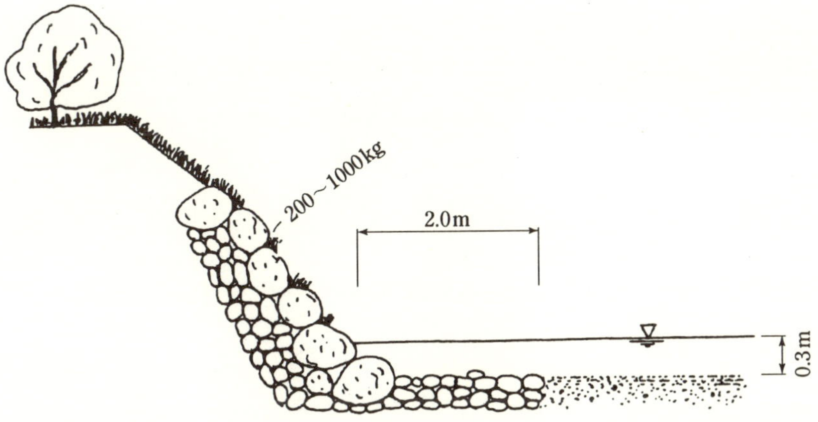

● マングファル川の落差工

施　工　前

施　工　後

落差工附近の捨石による護岸工．落差工まわりには最小限の保護が必要．

落差工下流の河床の状況．小さな淵と瀬が出来ている状況がよく判る．

本項の写真及び資料その他は、栗田富好氏（㈱ひかり造園）の提供による。

7. アーヘン工科大学一日体験入学

アーヘン工科大学水理水文学研究所は、ダム構造物の放水路管内キャビテーションと洪水吐、減勢池の水理モデル、地下水の流れ、発電所の閘門、河川の水質管理など、川と水に関するあらゆる基礎研究を行っている。

多自然型川づくりについても、

- 植生法面を持つ複断面水路における掃流力
- 高木植栽による河積疎害
- 河床構成材料の差異による水の流れ
- 蛇行水路における流過能力の算定

などの模型実験とその検証について長い歴史を持つ。

その結果、例えば直線型水路で単断面と河岸に高水敷を拡幅した複断面水路とを比較したところ、低水路のみの水路の方がより河積の大きな複断面水路より流過能力が大きいこと。この常識外の理由が高水敷附近の渦運動のため、低水路での流れが妨げられることなどをつきとめている。

さらに、河床勾配1/1,000の水路に、高水敷上20cmの水位の流量の場合、低水路の流速は0.7m/S、高水敷0.6m/Sだが、多自然工法により植生した場合には、同じ水位で低水路の流速は0.45m/Sに減じ、高水敷ではほぼゼロになるという。そして面白いことに、高木の植栽により高水敷の植生を更に増すと、もはや高水敷には水が流れないため、低水路と高水敷の間の質量輸送も行われず、水に対する抵抗がむしろ減ってしまうのである。

アーヘン工科大学では、ダルシー・ワイスバッハの公式とコールブルック・ホワイトのパイプ摩擦公式を応用して、植生や木の間隔、木の直系などをインプットし、多自然型工法による河道の水理特性をしっかりと把握している。つまり、何年後にはどことどこの木を何本伐開すれば、流過能力に影響がない等ということまで予測できるのだ。

難しい理屈は判らぬが、私には高水敷の低水肩附近に縦断方向に植栽、植樹（高木を含む）して、低水路と高水敷の水の流れを分断した方がより流過能力を高めることができるようにも思える。多自然型工法の植栽の方法について今後もじっくり研究していく必要がありそうだ。

また、蛇行型水路における模型実験では、レーザー・ドップラー流速計を使用して、低水路内の一次元的な流れと高水敷への主流と二次流れの状況分析を行い、乱流や抵抗力などの複雑な解析をも研究している。いかに

● **多自然型河川の基礎研究**
（アーヘン工科大学）

蛇行水路と高水敷部分の水理検討

高木植栽（写真のピンが表示している）による水理検討

も美しい川らしい緑の川をつくるために、これだけの基礎研究を行っているのである。特に、多自然工法における景観、維持管理、生態系のコンピューターによる予測と植生護岸の粗度係数の研究は興味深い。コンクリート護岸と異なり、複雑な植生と多断面水路におけるこれらの計算結果と実測値の誤差は、水位にして僅か3cmにすぎないとか。なかでも、柳については様々な補正の結果、かなり高い精度になっている。

多自然型工法は植生によって粗度が増え、流量が減じるため、治水上、水理上決して効率的で経済的な治水工法ではない。だからこそ、洪水に対するこうした基礎研究をないがしろにする訳にはいかない。植栽について

● 植生の研究（ドイツ連邦河川研究所）

ドイツ連邦研究所の捨石護岸の高水敷の高木植栽．捨石は洪水と共に舟運の航波による洗堀防止．高木は洪水の高水敷への流速緩和である．

コブレンツの河岸の植生法覆工．隙間の多いコンクリートマットを敷き均し、穴の部分に植栽してある．

も単に管理上の問題でなく、治水上、水理上、何が良くて何が悪いのかを正確に説明することが求められている。

アーヘン工科大学での講義は、水の問題に入るとにわかに哲学的になり、しまいにはとうとう私には手におえなくなった。これだけコンピューターを駆使しながら、いつもそのデータにふりまわされないように気をつけ、常に現実の川での対策と実証を忘れないという。

最後に、アーノルド博士から「雨の一滴が何処に降るかは、それで人間の運命を変えてしまうほどのものですよ」といって、記念にずっしりと思い直系6.5cmの丸い文鎮をいただいた。この日を印した年月日以外、表も

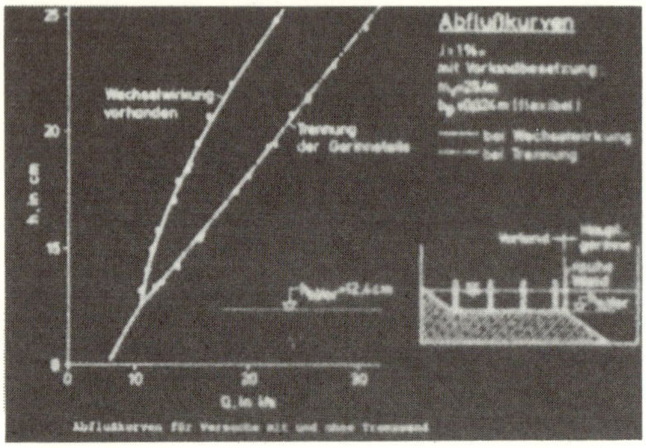

縦軸が水位、横軸が流量．高水敷のある場合の方が流量が減じている（左の線）

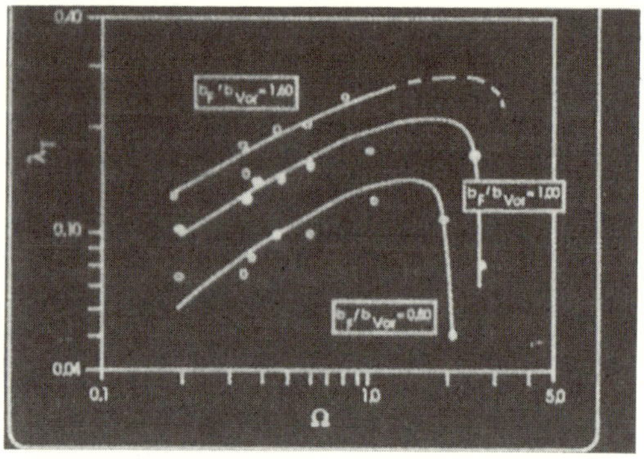

高水敷の植生による抵抗——植生密度を増してゆくと抵抗は増加していくが、更に増すと逆に抵抗が減ってくる

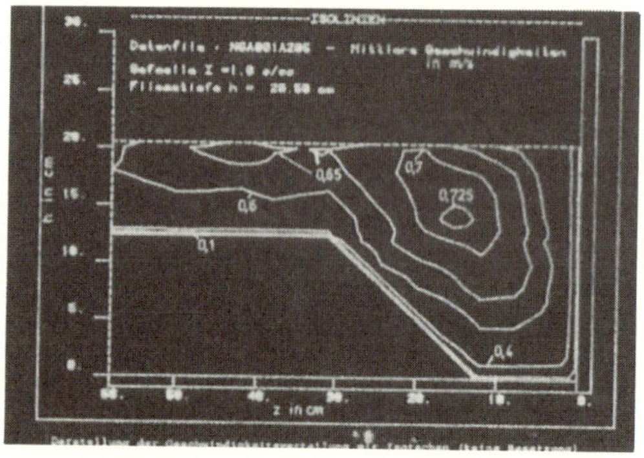

高水敷の植生のない場合——渦が発生している

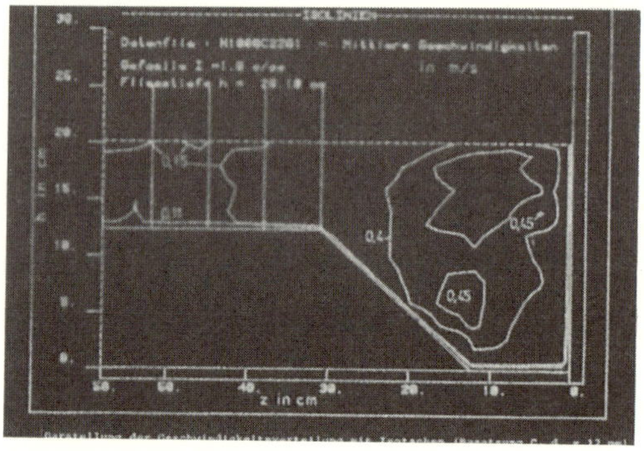

多自然型工法の場合——水の流れがきれいな型になっている

（アーヘン工科大学水理水文学研究室資料に解説を加えた）

水理水文学研究室における水資源保護のための研究総括概念図

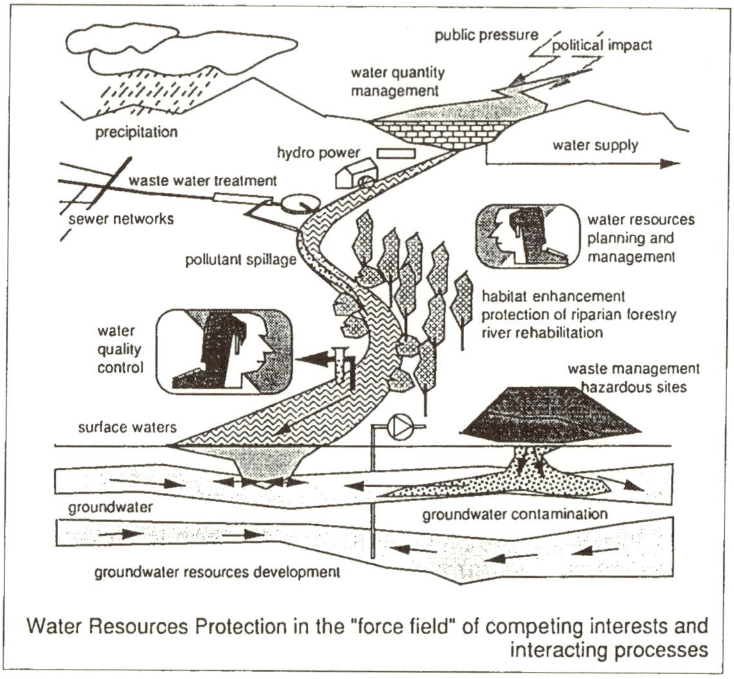

裏も訳の判らない紋様だったが、依る、アーヘン市長を訪問して市庁舎に入ったら、荘麗な王宮の一室に同じ紋様があった。フランス、ベルギー、オランダからドイツアルプスまでを支配した大フランス王国の皇帝カール大帝の紋章であり、訪れた大聖堂もその戴冠式の行われた場所であったのだ。

ルーベ教授は、この文鎮を自ら大学の工作室の機械を使って作られたという。この文鎮が私の手元にある限り、私は「多自然型川づくり」に挑戦し続けなければならぬ。

川の首飾り

10月の日曜日。ゲーテが愛したアルテ・ブリッケ（旧い橋）の石畳のバルコニーに立ち、どれ程の時が流れただろう。若き皇太子ハインリッヒと酒場娘ケーティの悲恋の町。智恵と酒に溢れる青春の憧憬の街―ハイデルブルグ。落陽が灯と化し、肩を抱き合う幾組もの影が橋詰めのテオドール像と重なる。

セーヌ川のアレグサンドル三世橋（パリ）。テベレ川の大天使橋（ローマ）。アルノ川のベッキオ橋（フローレンス）。アドリア海大運河のリアトル橋（ベニス）。どの橋もそうだった。人は皆、橋を見るために集う。夜、テームズ河畔のホテルから眺めるライトアップされたタワーブリッジの煌めきは、正しく「川の首飾り」を彷彿させた。

川は街を隔てるもの、橋は渡るだけのものと錯覚してはいないだろうか。

川が母なら、橋はその子供。川と橋は共にその町の長い歴史と文化を背負い、幾多の人生が織り込まれる。これらの橋に対す敬愛と、橋に佇む人とその下を潜る船への優しい心遣いは、そこに住む人々の思想さえ感じさせる。

今、私達が築きあげていくもの総てが、誇りをもって次の世代に継承していく歴史的文化遺産である。高度な土木技術に支えられた近代橋は研ぎ澄まされた機能美を持ち、今時、こんな鈍重で手間のかかる橋は誰も架けはしないが、星霜を経て磨き抜かれ風格と、街とのうっとりするような調和はやはり美しい。

橋は流軸から川を俯瞰する唯一の視点場である。経済効率一辺倒の画一的なものではなく、街とみずべを結びつけ、人々のやすらぎと語らいの場となり、子供達の明るい笑い声が絶えないような、夢や想い出が育まれるような、そんな包容力のある「名橋」は生れないだろうか。

ネッカー川のアルテ・ブリュッケも実は大戦で爆破され、赤煉瓦の一つずつを拾い集め文化財として再築したものなのである。

アルテ・ブリッケの橋台（洪水位の表示がよみとれる）

IV

生きとし生けるものに
やさしい川づくり

浅畑川をビオトープの軸に

1. 水辺環境の再生

それそも河川改修は、その時代それぞれの社会的要請により型を変えてきたのだが、治水・利水を最大の目的としながらもそれがすべてではない。現在希求されているのは、親水、修景といったとらえ方の枠を越えた、うるおい、やすらぎ、親しみ、思い出など、川の本来持っている詩情豊かな水辺環境の再生と考える。

人は、慣れ親しんだ景観に親しみと安寧を得る。私たちが子どもの頃、前の世代から引き継いだ水辺は緑豊かで美しかった。餓鬼大将に連れられて行った川は冒険の世界で、多くの生きものたちとに触れた体験は、忘れえぬ思い出であった。

やがて生活は豊かになり、その便利さと引きかえに川の氾濫原にまで家が建てられ、ゴルフ場やリゾート開発等水源の森を切り倒し、都市では土に蓋をして水循環を断ち切ってきた。そしてそれに対する自然からの責めを、今度は緑を剥ぎ取りコンクリートだけの骸骨の川に背負わせてきたのである。

水が母なら土は父、緑はその子どもであろうか。川は土を生み出し、土は緑をつくる。緑は水をやわらげ川を育てる。このサイクルが失われるとき、川は死ぬ。川が死ねば、水辺の生きものも死ぬ。人間もまた、生きものである。

私たちは水があるからこそ生きてきた。生理的な問題でもあり、心の問題でもある。緑を映す水面を見れば誰も心おだやかになる。喜びがふくらみ、悲しみが吸いとられたこともあるだろう。地域に降る一滴ずつの雨は、天に帰り地に潜り、やがてゆっくりと川になる。果てし無い輪廻大転生の繰り返し……。かつての水をいたわり、水を安らげ、水を休ませる水循環の再生が、洪水にもやさしい川をつくり出す。

まずは水を育み、水の源を守らなければ生きものにやさしい川はできない。洪水に対する安全と水に対する心づかい。ドイツ、スイスなどの多自然河川工法による川づくりはここから始まった。

美しい水が木々の間を流れ、視覚的にも魚や昆虫などの生命の源となっている景観に、人はみな好感を持つ。つまり、生きものにとって良い環境は、人間にとっても然りであるが、その逆はかならずしも真ではない。重厚な歴史的建造物や石造りの橋、都市的センスに満ち整然と整備された親水護岸、安全で清潔で機能的な河川環境は、多くのまちづくりの核であり、人々に水辺への触れあいと潤いを与えるかけがえのないオープンスペースである。でもそれは、人間の眼から見ての整備であった。低水路の蛇行を無視した直線的な親水護岸や魚巣ブロック。自己主張の強すぎるペンキ絵。河川とは関わりの薄い公園施設。花ならサクラ、魚ならコイ、昆虫ならホタル……。

河川は、人間が自分の利益のためにだけ使う利便施設ではない。人間の視点からのみの発想と思い込みによる画一的な環境整備は、時により、むしろ流路を固定し、水際部の傾斜地と抽水、沈水植物を破壊し、生きものの流れを途切れさせ、結果として水辺の持つ生態系の多様性を失わせることもある。環境を整備したら生きものがいなくなったでは、まるで笑い話だ。

地球規模での環境保全が声高く叫ばれる今、21世紀の河川整備の目標は、ゆったりとした自然の中、瀬や淵はもちろん、水辺の草一本、石ころ一つにまで眼を向けた人のみならず、水生生物、魚、昆虫、鳥などの眼からみても暮らしやすい環境の再生であり、生きとし生けるものにやさしい川づくりである。

2. 生きものにやさしい川づくり

浅畑川の川づくりの目標は、失われた「緑」を復元し、より質の高い多様性のある自然を再生し、水辺自体を生きものが種として存在するに足る生息空間（ビオトープ）を創出することにある。

「わたしたちは自然から招かれた客であり、それにふさわしい振る舞いをしなけさばならない。もし自然がほころびれば、そのつぐないはわたしたちがしなければならない。」私たちがまず学ばなければならないのは、ドイツ、スイスを中心とする「多自然型川づくり」に見られる、この謙虚な姿勢である。そしてそれは、「大自然の中、生かせてもらっている」という、仏教国たる日本の治水の先人たちがかつて共通に抱いていた自然への畏敬であり、自然とのつき合い方でもあった。

しかし、現在の私たち土木技術者は、自然に手を加えながら自然を育て、再生する仕組みを学んでこなかった。先人たちは、コンクリートも重機械もない時代、世界でもっとも苛酷な暴れ川である日本の川と命がけで戦ってきた。知恵の限りつくして川をなだめ、川に教わり、なによりも川を怒らせないで川と相談し、川とうまくつき合いながら自然と共存、共生する技術を身につけてきたのである。

圧倒的な自然の猛威に逆らわず、川を封じ込めることなく川を生かす治水。それが「伝統的河川工法」である。それらの工法は材料そのものが自然の素材であり、多孔質で屈とう性を持つ柔構造のため、河床、河岸への対応性と順応性が高く、結果として自然になじみ、緑を育て、生きものをやさしく包み込む。これが日本の「川の匠」の技術の心髄であり、極意である。思えば「多自然型川づくり」はヨーロッパが先進ではなく、わが国のこの「伝統的河川工法」の思想と哲学を嚆矢とするといっていい。しかも、その工法は先駆けの国にふさわしく、より一層緻密で多様性に富み、その知恵と技術と美しさは、はるかに彼が国を凌駕する。

つちかわれた知恵が永続性を持てば、それは文化に昇華する。わたしは日本の伝統的治水戦略を単なる土木工法ではなく、日本が世界に誇るべき「川の文化」であると信じて疑わない。

浅畑川の川づくりにあたっては、この伝統的河川工法の見直しなども勘案しつつ、まず河辺を緑で覆い、景観上ばかりでなく、川づくりを生きものに対する思いやりと種の保存としてとらえたい。

3. 洪水防御—安全な川としての治水の目標

日本の都市はほとんどすべてが洪水の氾濫原にあり、猛々しい川から堤防によってのみ守られている。しかも洪積平野を削流するヨーロッパと異なり、その多くはもっとも危険な天井川である。急峻な山地から通常流量の数十倍という破壊力を持って一挙に襲いかかってくる洪水は、もし破堤すればとめどなく流出し、膨大な資産と生命に悲惨な被害を与える。

そして、今なお時間雨量50mmの降雨に対して整備率さえ僅か40％という脆弱な治水施設をかかえて、多くの都市が慢性的に水禍に悩み、丸腰で洪水の脅威に対峙し続けているのである。「水害列島日本」—これこそ、わたしたちが忘れてはならない川づくりのキーワードの一つである。

多自然型川づくりといえども、絶対的前提条件は、この治水上の問題解決である。いやむしろ、蛇行、屈曲による流過能力の減、植生による粗度

●位 置 図

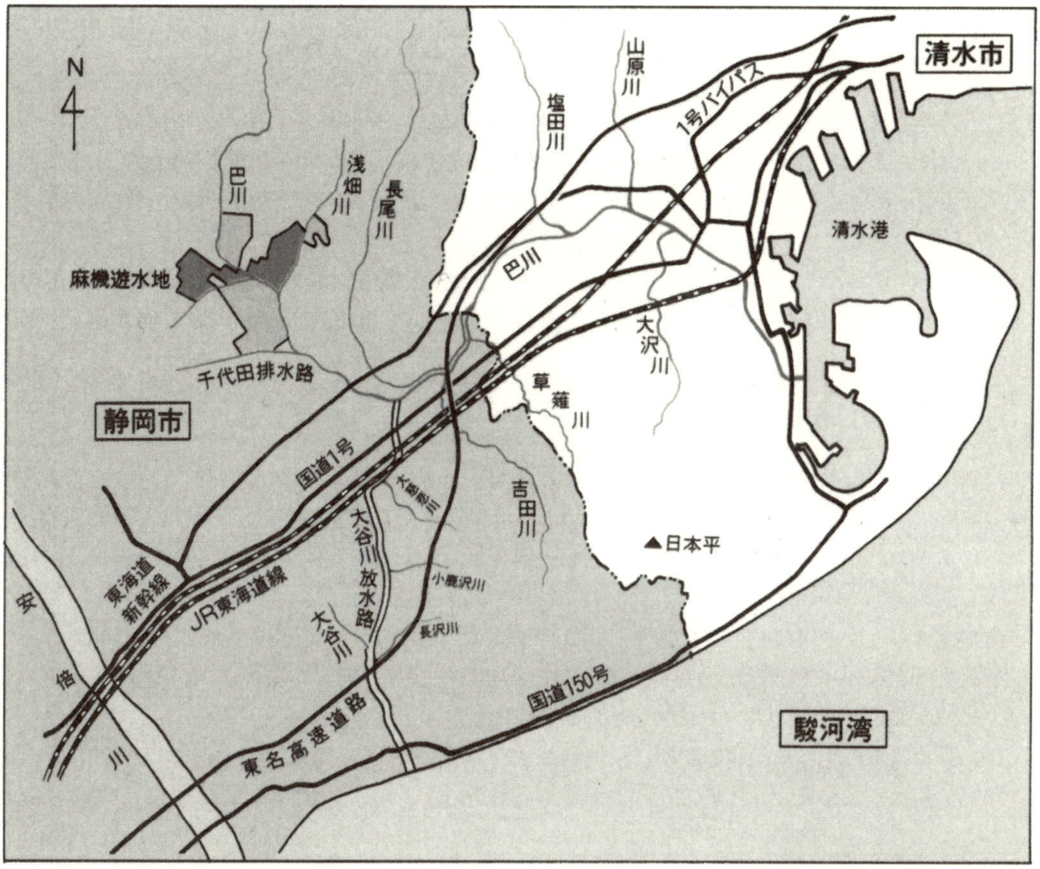

（TOMOE RIVER、静岡県）

の増加など、水理上はマイナス要因が覆い不経済な工法だからこそ植生護岸の強度、河積阻害、掃流力の検証、蛇行水路、多断面水路における流過能力の定量的な把握など、治水上の安全確保が不可欠である。これは、飼いならされたようなヨーロッパの川といえども例外ではなかった。

（1）浅畑川の整備概要

静岡市近郊を流れる二級河川浅畑川は、流域面積$2.39km^2$、法河川延長1.4kmの小河川である。水害常襲河川のため、まず第一に河川整備のみならず、貯留浸透、遊水機能の確保など流域ぐるみの治水対策を行なう、「巴川総合治水対策事業」の一環として、毎秒$50m^3$の洪水（年超過確率1/5）を安全に流下させる河道改修を行い、治水安全度の大幅な向上をはかる計画である。

さらに、下流河川巴川及び大谷川放水路開削完了などの改修の進捗を待って、満流では概ね1/30確率の計画洪水流量$50m^3/S$を流下させる河積を

● 麻機多目的遊水地

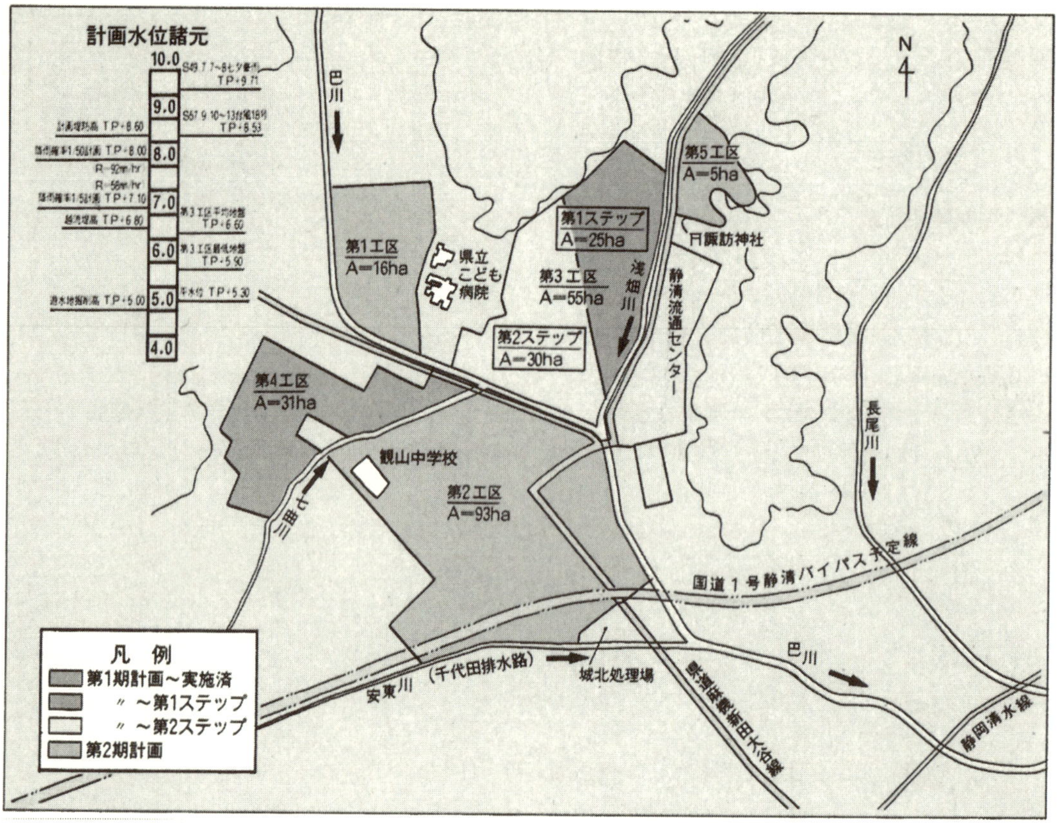

（TOMOE RIVER、静岡県）

確保することを目標とした。そのための手法としては、左岸に接する市道南沼上上土線を河川管理用道路に兼用させることにより、現管理用道路敷（河川敷地）を撤去して河積拡大に加え、右岸に接する静岡市有地（水路敷）を河川区域にとり込んだ上、掘削して通水断面を増すこととした。

これらの対策により河積は現在の3倍ほどに増え、蛇行、堆積、草木の繁茂など、「多自然型川づくり」における治水上のマイナス要因を消去するのみならず、河積の余裕、つまり治水安全度の大幅な向上を図れることになる。

（2）流域の概況

浅畑川は500haに及ぶ長閃な麻機低地の中にある。近年、静清バイパスの建設や第二東名高速道路のアクセス道路の計画決定などにより開発の足音は聞こえるが、市街化調整区域と農用地指定のため、今なお静岡市街地の中で唯一残された空間で囲繞する緑の山々と相まって、自然再生の期待できる環境にある。

麻機低地は、安倍川の河床より30m以上も低い標高6～7mの低湿地であり、その地形的特性により1～5工区の200haが多目的遊水地と設定され、その内第4工区（31ha）と第3工区（55ha）は、治水緑地及び多目的遊水地事業の実施区域となっている。埋め立てによりかつての蓮の花咲く沼地がなくなっていたが、これら遊水地事業の進捗により第4工区の用地買収が完了し、新たな水辺もつくられた。多くの水鳥、野鳥が集まり、定期的に探鳥会が行われるなど、既に自然が再生されつつある。また、第3工区については、用地買収が7割進捗され、買取地区の一部は掘削されて常に地下水を貯え、早くも水鳥が訪れはじめた。

これら遊水地の整備と巴川の治水対策に格段の効果をもたらす大谷川放水路は、共に平成8年度に概成しており、年々治水効果が増大するなど、浅畑川をめぐる治水環境も「多自然型川づくり」にふさわしく、好ましい状況にあるといえる。さらに、浅畑川が合流する附近の巴川は、本川の中でもとりわけ水量と水質に恵まれ、首都圏からフナ釣り専用バスが訪れるほど魚影が濃く、その下流では静岡市、地元住民の努力により「鯉の里」がつくられ、遊水地では子供達の植樹やゴミ拾い、伝統ある「シマアゲ」漁法の復活など各種の川のイベントが行われ、水辺に対する関わりが深い川である。

行政サイドもまた、フナ釣りのための親水護岸や多孔質護岸の設置、かつての照葉樹林の復活を目指して造園協会、野鳥の会など様々な人々の協力と理解を得て、生きもののための自然雑木を主体にした高木の植栽や河岸への柳の植え込みを実施した。特に、遊水地第4工区における多様な魚に生息場所を提供する計画、河床以下の凸凹のある掘削と湧水池の造成、「沼の婆さん」の伝説と「種の保存」を期し、この地で絶えてしまっていたオニバスの種の植え付けを行った。これらは従来の土木行政をはみ出すものでもあった。

それぞれは小さくても、生態系への多くの人々の関心の高まりと努力の積み重ねがこの地にはあり、この面からも浅畑川は「多自然型川づくり」を行うのにふさわしい場所といえた。

（3）改修状況

浅畑川は、静岡県最初の都市小河川改修事業として昭和47年度に着手され、暫定工法で一次改修が成された。下流部は流通センターに面しているため重車両の交通が極めて多く、軟弱な地盤のため河岸が押しだされ、法先の洗堀と共に放置できない状況となり、平成2年度より県単独事業による河川改修が進められている。この附近は浅畑川に接している市道が高く、河床まで5m以上の高低差があるうえ、粘土層あるいはピート層の軟弱な地盤である。

河岸整備にあたっては緩傾斜にすることにより安定を図りたいのだが、右岸側の遊水地第3工区の用地が末買収のため、現段階では右岸側への引

● 河川の瀬の淀みのモデル

河川沿いのビオトープ

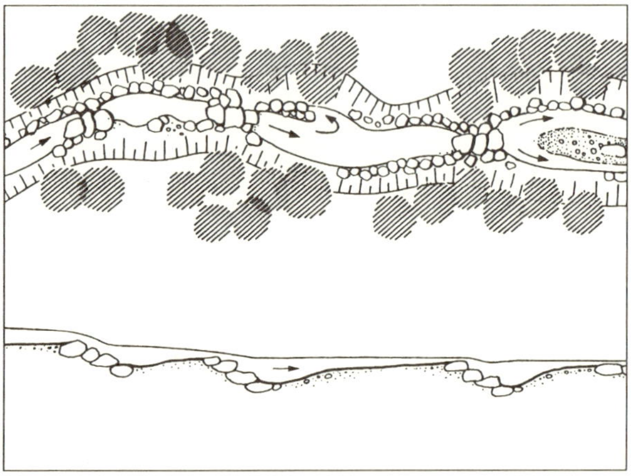

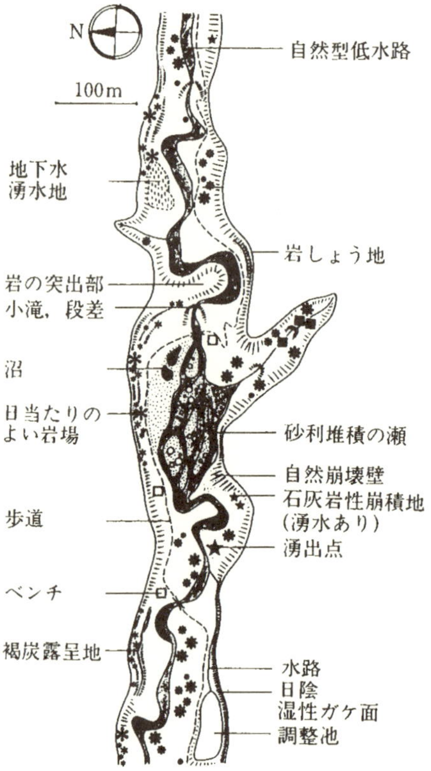

ビオトープの軸としての
浅畑川のイメージ

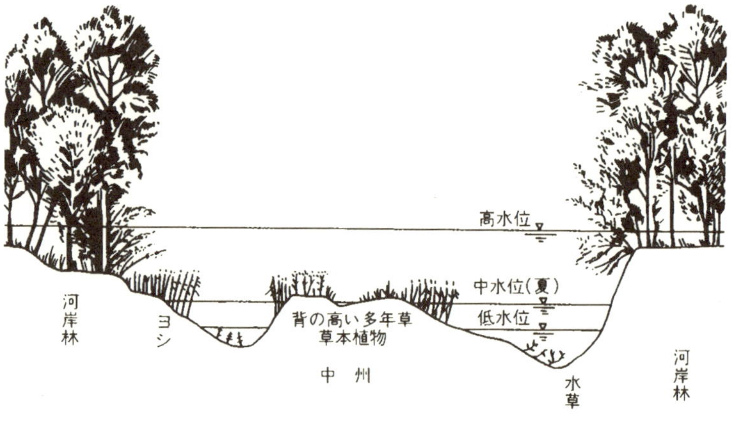

まちと水辺に豊かな自然を II、リバーフロント整備センター 編著、山海堂　1992.

提ができず、左岸の法勾配をゆるくすることにより大幅に河積を侵してしまう。このため、概ね1：1.5の法勾配とするものの、その工法については日本の伝統的河川工法を再現して、コンクリートを排除して木と石を主体とする多孔質の「多自然型工法」が採用された。さらに、附近は人の往来も激しく、遊水地第3工区が今後都市公園として整備が進められるため、訪れる人々が容易に水辺に近づける構造とし、車の往来に煩わされることなく河岸を散策できるよう縦断方向に遊歩道を設け、所々に人が立ち止まり、憩うことのできる水辺の広場を設けた。

なお、たまたま東静岡駅の再整備に伴なう大量の枕木の発生もあり、法面の安定のための工法は枕木を流用して法止めを小刻みに配置する多段式の構造とし、斜面の崩壊防止には栗石羽口工など、植生と一体となって法面を守る空石張りとなっている。河川を蛇行させるだけの余地がないため、巨石の利用による石組みなどの採用により河岸整備の単一化を排除すると共に、法勾配の変化によって法先の法線の直線化を防ぎ、二重法枠工の施工などにより、水際部は出入りの多い多様な構造となり、従来の護岸には見られない複雑で奥の深い独特な景観となった。

豊かな水量に恵まれた浅畑川がより多様性のある生態系を生みだすため、水際部の構造はより大きな多孔質を確保できるよう栗石による片法枠工などとすると同時に、生きものたちが持続して生息できる川を目指し、洪水時にも小魚が避難できるような入江を設けた。また、浅畑川の河床は単一な泥質のため、法堀防止とより複雑な河床となるようフトン篭により河床を置き換え、水の流れにも変化をもたらすよう置石工も施工した。

平成4年度には、より一層多様性をもたらすよう中の島をつくり、河床石張工による浅瀬をつくった。これらの石や木の入手についても、間伐材や建設残土中の転石を積極的に流用し、廃材の有効利用を図ると共に、環境整備のために他の環境をいじめないよう配慮している。

植栽については、今後、草木の繁茂が期待できる多孔質護岸のため、当面は既存の樹木保全につとめ、通行車両との間を軟らかく遮断して、川の環境を守る河岸天端には縦断的に配した生垣にとどめた。今後の植生状況によっては、片法枠土の栗石部分についての柳の植栽など、「自然再生」の状況を見守りながら補植などの対応とした。そして近い将来、遊水地第3工区の用地問題が解決すれば、右岸側を大幅に引堤して大胆な蛇行を楽しみ、提防の緩傾斜化と植生を主体にした「多自然型川づくり」を目指している。

● 上空から見た浅畑川

● 整備事業計画図

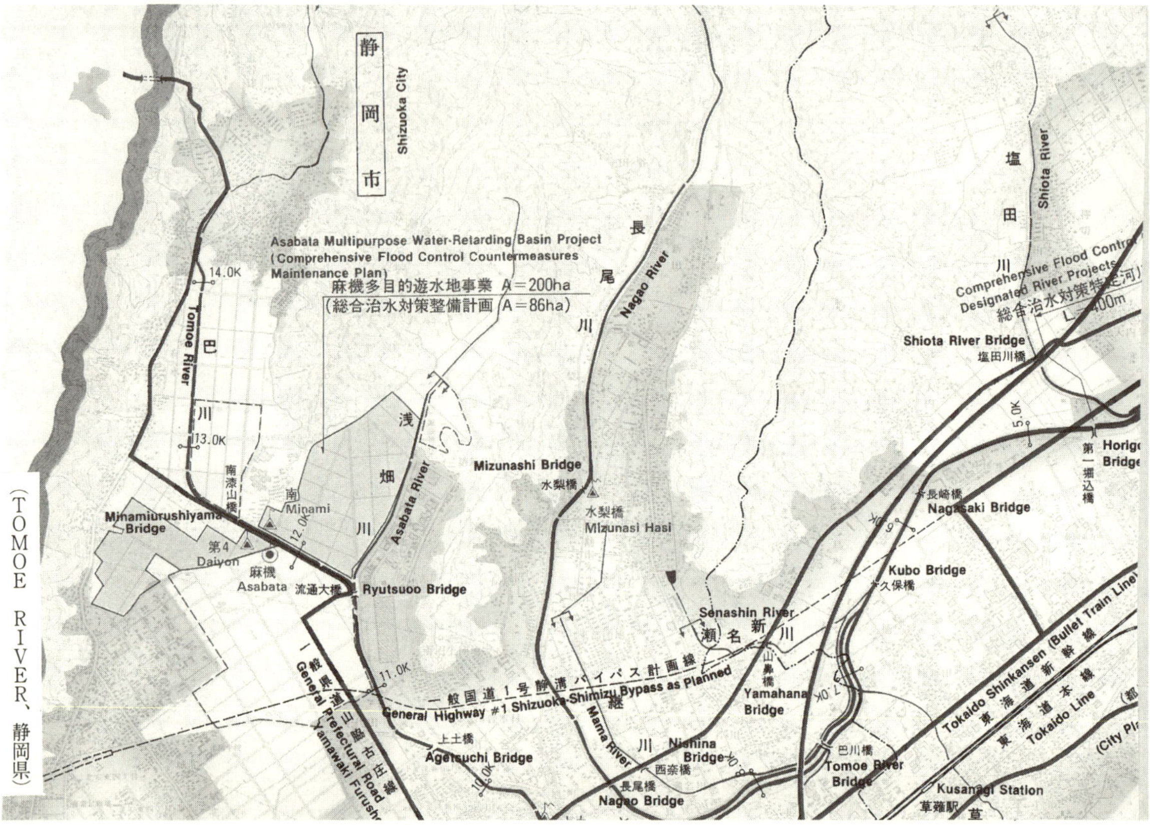

（TOMOE RIVER、静岡県）

（4）植生を主体とした「多自然型川づくり」

浅畑川下流の多自然工法については、既に数回の洪水を経て栗石羽口工の芝活着前の崩落、木製護岸の浮き上がりも紀憂に帰した。上流工区についてはこれらの経験をふまえ、多少のリスクは覚悟のうえで、より自然度の高い植生を主体とする思いきった「多自然型川づくり」に挑戦することとした。幸い、この部分は緩勾配のうえ、堀込河道でしかも住家に接する箇所もなく、低水流量が豊かで水質も環境基準をクリアーしているなど、範としてきたドイツ、スイスなとの多自然河川工法を実施した河川と極めてよく似た河川特性と形状をもっている。しかも、現在の河川区域内の土地をうまく利用することにより、新たな用地買収を伴うことなく川の蛇行、堤防の緩傾斜化を図りつつ河積を拡大できるなど、「多自然型川づくり」には稀にみるほど恵まれた状況にある。

4. 整備手法と河道デザイン

浅畑川は河況河床縦断が1/2,000と緩勾配の上、堀込河道のため洪水破壊力が小さく、通年30cm以上の水量が確保され、水質もBODが5mg/lとおおむね良好である。加えて、流域は自然度3～4で森林性の鳥や昆虫類も見られ、隣地の遊水地整備と併せればビオトープの軸として十分に期待でき、「多自然型川づくり」に適した河川特性と流域を持っているといえる。

したがって、多様性のある自然豊かな川を目指した。既に直線的で平担な人工水路に付け替えられてしまった現在の浅畑川については、川自らからの蛇行、小規模な土砂堆積と洗掘など、川のダイナミックな営みができるよう、自然を改変してしまった償いとして、もとの自然の川に戻す必要がある。そのための手助けとして、川が自由にゆったりと流れることができるよう、川をいしくり過ぎず、極力、人の手を排して自然の再生を待つのが基本方針である。ここでは、ベンチもパーゴラも人のための施設はすべて排除する。

「多自然型川づくり」にあたってもっとも大切なことは、ゆとりある河川用地の確保である。より自然の「川らしい川」をつくるためには、川の本来持っている曲流や蛇行などの営みを大事にすると同時に、それが洪水氾濫に結びつかないだけの十分な膨らみのある河幅が必要となる。それに、植生を基本とする河岸法面の安定と侵食防止のためには、なるべくゆるや

● 浅畑川平面縦横断計画のイメージ

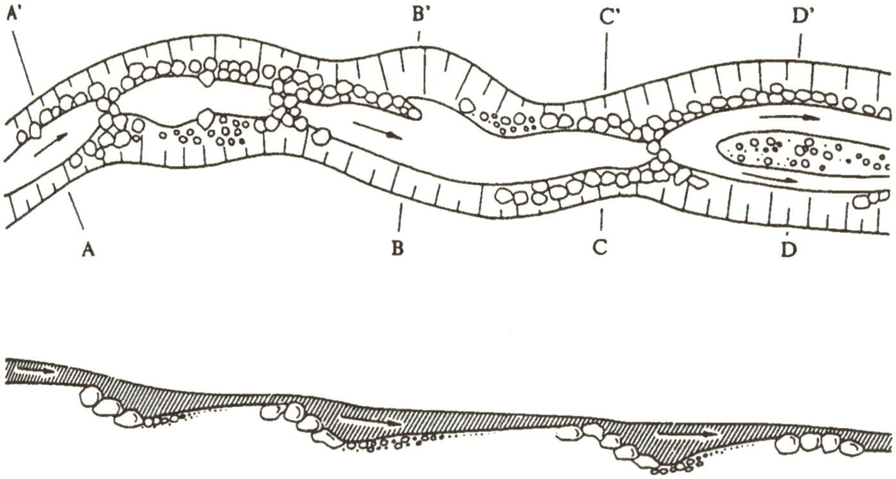

縦横断構造についてもできるだけ複雑な構造にする．淵や浅瀬といった自然に近い河床変化を持たせた河床構造は、自然に近い水路をつくるうえでの基本である．

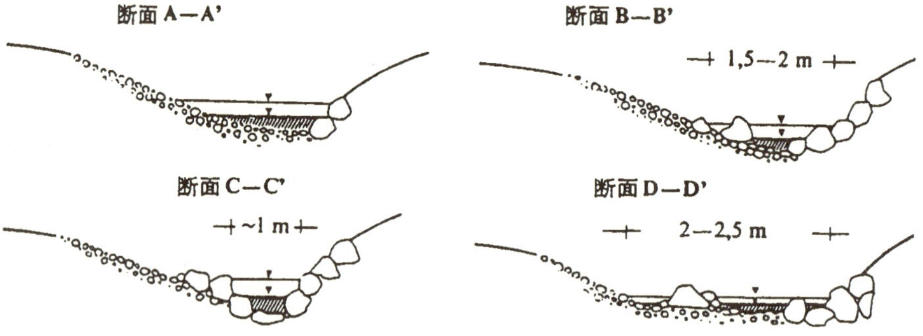

Deutscher Naturschutzring Fliepewasser, 1-24, 1984.

かな勾配が要求され、必然的に幅広い堤防敷地が必要となってくる。

利用できる土地の絶対数が不足し、世界有数の高密度の土地利用が成されているわが国では、こうした用地の取得には困難がともなうが、従来の縦割的な事業整備ではなく、公園、道路、下水道事業などと柔軟に協調しながら、まちづくりの一環として整備をはかる「複合施設」としての事業促進をはかりたいものだ。

① 平面計画

まず、従前の自然のままの流路を推定し、「巴川九十九曲がり」と言われた緩流河川特有の蛇行化を図る。特に、遊水地第3工区に隣接する下流部については、右岸を円やかに膨らめて遊水地区域の一部を浅畑川の河川区域に取り込むことにより、スイスのレビッシュ川の例にあるように、右岸への大幅な蛇行と中州など変化に満ちた流路ができる。

低水路法線と提防法線は、それぞれに固定した幅をもつ必要もなく、標準断面幅以上なら広くなったり狭くなったりと自由な膨らみをもっても差し支えなく、特に屈曲部は予め拡幅を図っておく。

河川改修で留意すべきは支流との一体整備であるが、今回整備区聞に暗渠以外のさしたる支流はない。しかし、小流量とはいえども本川と断ち切られた型こそ構造的に問題であり、今回の「多自然型川づくり」区間に流入する排水管は、すべて魚や蟹などが遡上、降下できるよう改築する。そのための助走路として魚窪地を確保するために、常時水量を持つ支川合流部には、水深をいつも維持できるよう水衡部にするなど、低水路の平面計画上も配慮されなければならない。

中流部の右岸側支流（暗渠）については、現在、河川管理構造令の通り、流心に直角方向に流入されている。この支流は僅か数10cm幅のコンクリート水路ながら、早魃が続いても水がなくなることはなく、小魚を見ることもある。そこで、浅畑川への流入は馴染みよく下流方向に向け、暗渠を陽のあたるオープン流路に改築、合流部附近に浅い皿型の池を造成し、速い流れが苦手な水生生物や昆虫などの生息の機会を増やしたい。そこで、流入部の敷高などを検討の上、高水敷の一部に池を設るようこの部分にも平面計画の膨らみを持たせた。

今回整備区域からは外れるが、流入水路の中で最も影響の大きい直上流の普通河川区間は、コンクリート・ブロック積み構造である。県管理区問の整備の進捗に合わせ、今後はこの区問についても静岡市事業により「多自然型川づくり」による整備が望まれる。また、上流の水源に近い部分に市の焼却場整備に伴う調節池がある。これを利用して維持用水の安定供給を含む水源の確保と水質の維持をはかる。つまり、水を遊ばせて地下への浸透浄化をはかる水環境の適正化である。自然条件を規定するものは良好な水循環の保全と創出。これもまた私達が子供の頃、前の世代から引き継いだ浅畑川流域の自然の姿であるから。

② 縦断計画

現在の浅畑川の河床勾配は1/2,200の単一なもので、落差工は一箇所もなく、流路が一定幅て直線的なため「淵」や「瀬」もない。この流路に縦断的な変化を持たせ、淵と瀬をつくるためには、流路に直角方向に自然石を並べれば良い。気をつけるのは置石を直線的に配置しないことと、置石

●平面計画図

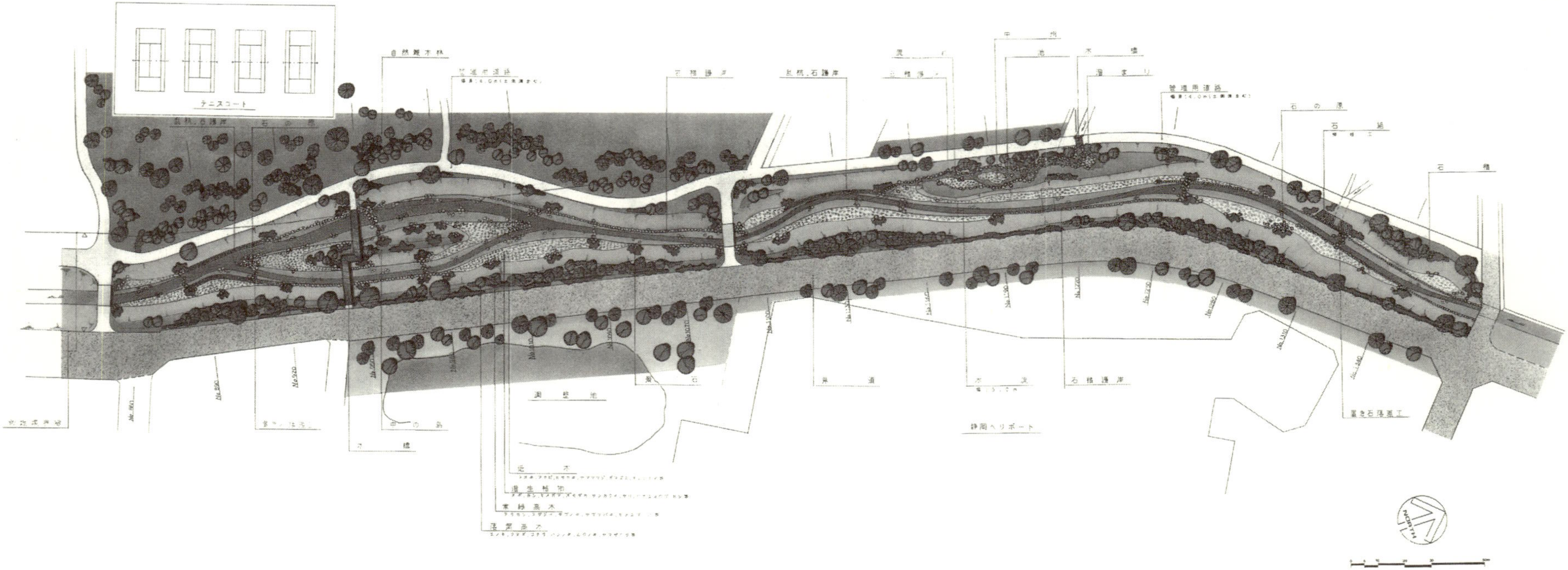

（静岡県静岡土木事務所）

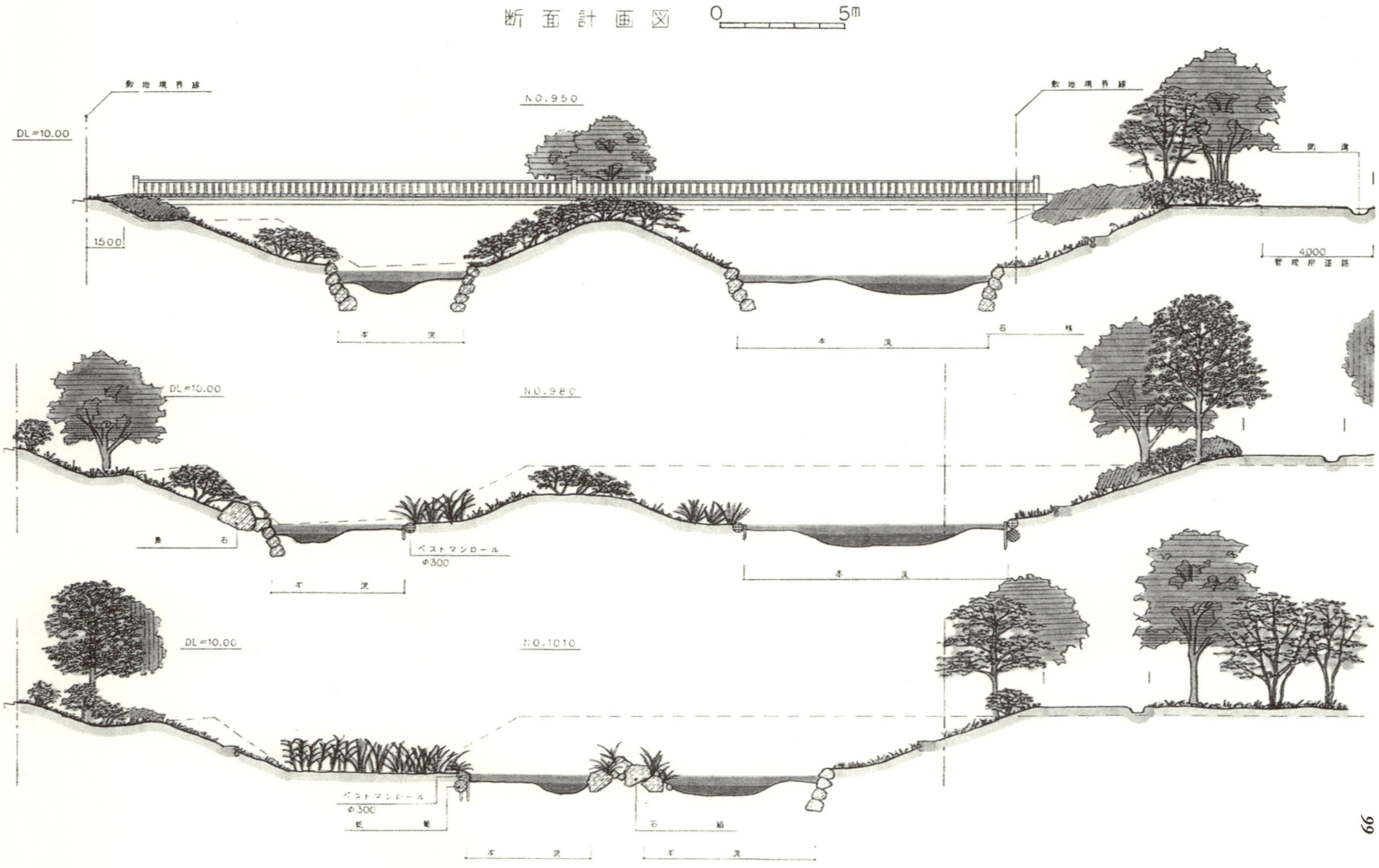
断面計画図
0
5m
NO.950
敷地境界線
敷地境界線
DL=10.00
1500
側溝
4000
管理用通路
本流
本流
石積
NO.980
DL=10.00
景石
ベストマンロール
Φ300
本流
本流
NO.1010
DL=10.00
ベストマンロール
Φ300
蛇籠
石組
本流
本流

断面計画図

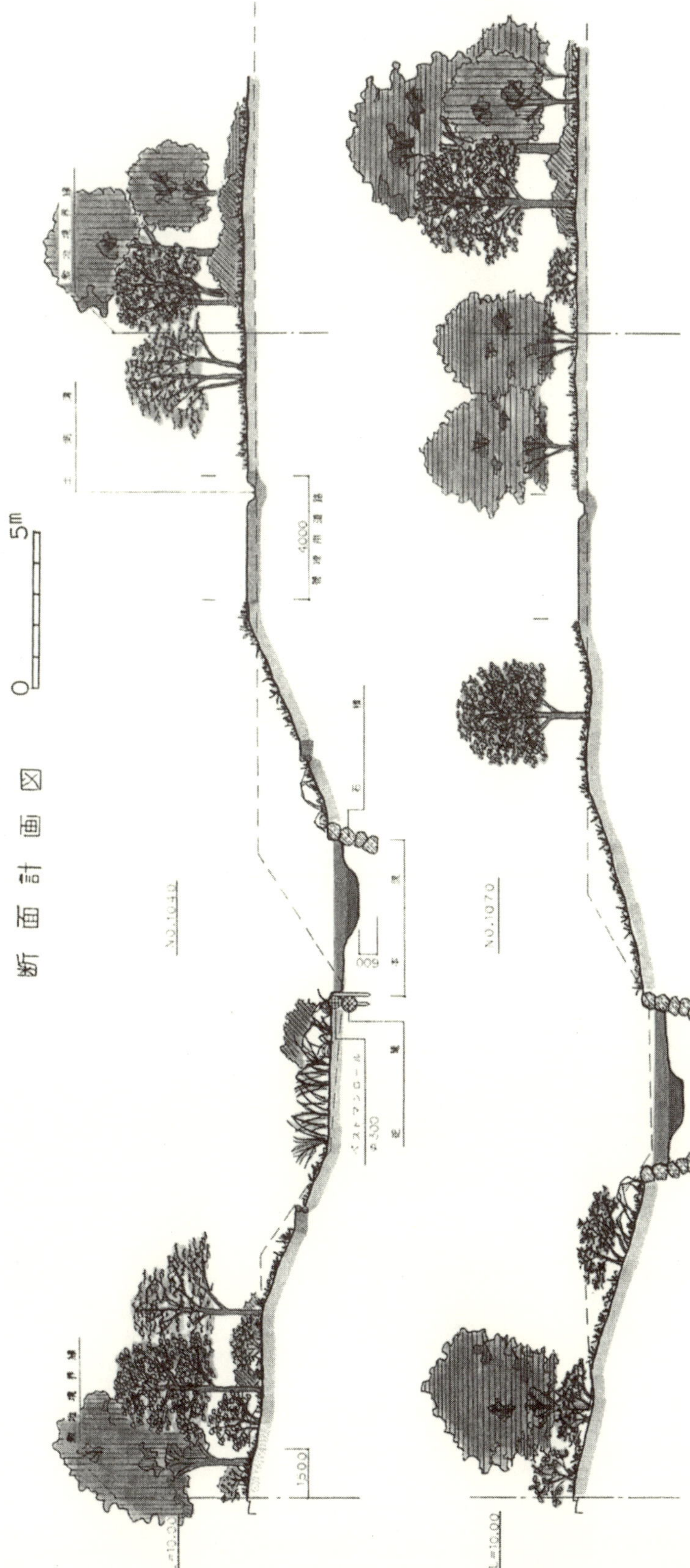
断面計画図
0
5m
NO.1040
NO.1070
DL=10.00
DL=10.00
4000
1500

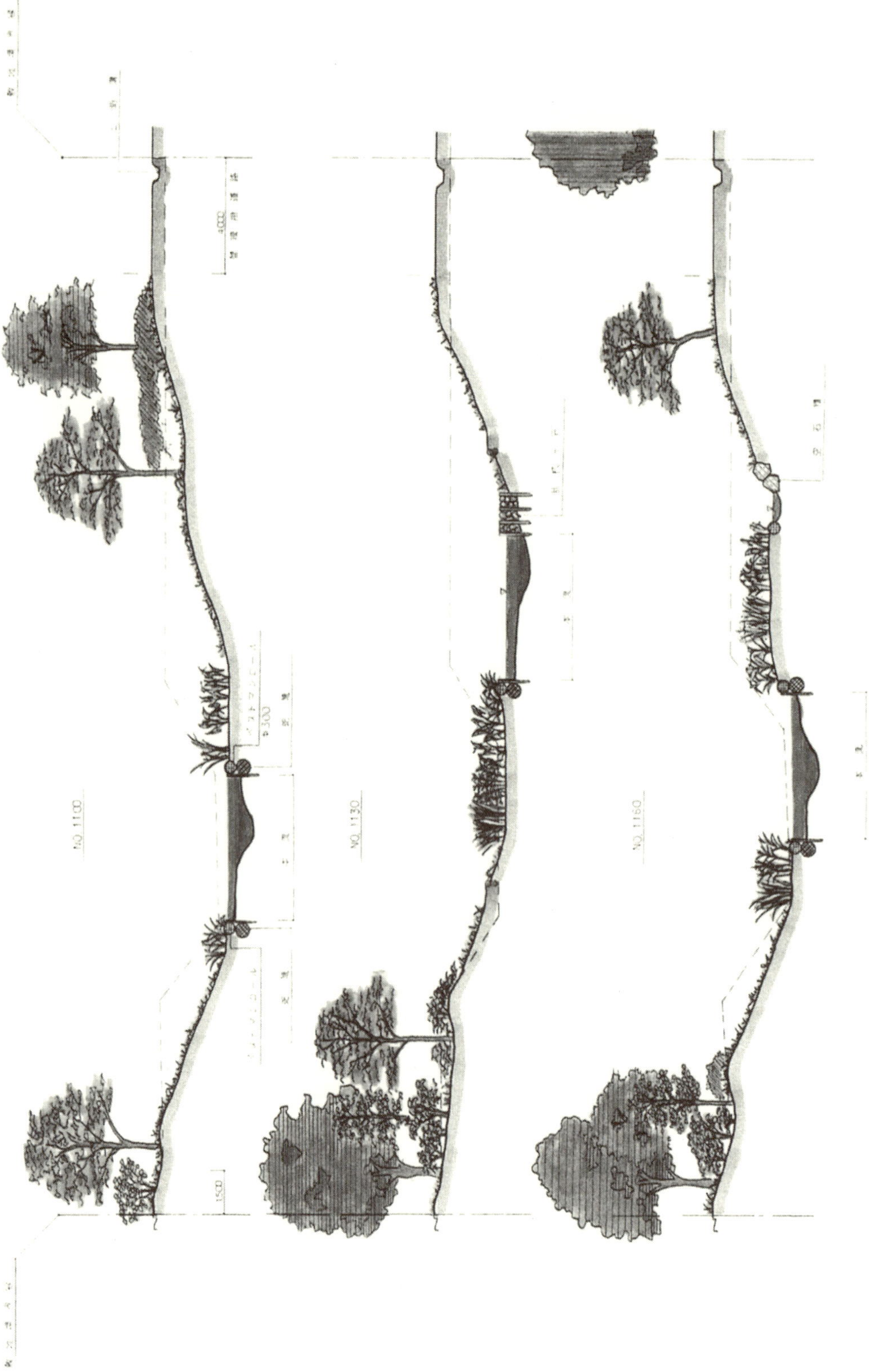
0
5m
NO.1100
NO.1130
NO.1160
4000
1500

断面計画図

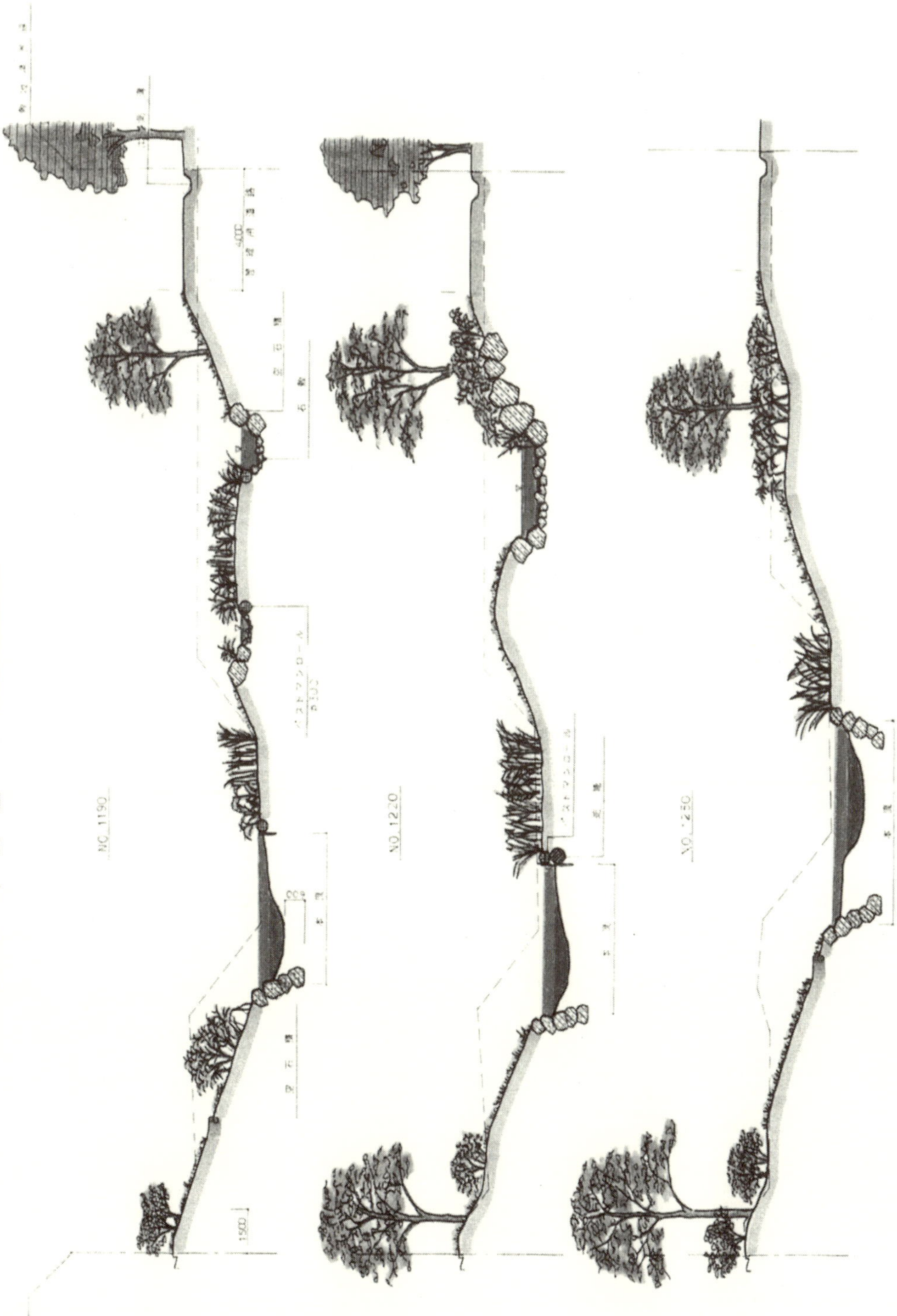

断面計画図

断面計画図
0
5m
NO.1280
NO.1310
NO.1340

を縦型として2/3以上を埋めることである。置石の下流側は必ず深掘れ（淵が造成）されるので、予めその深掘れを許容できるよう計画河床よりさらに1m以深の河床を捨石または石組みにより待ち受けておき、乱流する落差工まわりの法先も同様の処置をしておけば、河床の変化にも慌てなくてすむ。これらの置石または石組みによる小段差落差工は、概ね50mに一箇所設置して、複雑で変化のある河床を再現させる。

③　横断計画

「多自然型川づくり」は、植生によって河岸を護るものであるから、堤防の法勾配は土質による安定勾配以上にゆるやかにするのが原則。浅畑川の場合は標準勾配を1：2.5（25％）とし、画一的にならぬようこれ以上ゆるい勾配で適宜変化をもたせる。

洪水を流下させるための標準横断型は、あくまで基本的な水埋上の最小断面であり、これにとらわれてはならない。浅畑川については、この水理上の単断面を上廻る河積をもつ複断面もしくは多断面構造とした。その際も小段、高水敷、小径などの高さ、幅などを少しづつ変えたため、結果としてすべての横断型が悉く異なり、同一断面型はただの一筒所もない。特に、水際部は僅かな高さの差によっても冠水頻度が激しく変わり、その浸水頻度に応じて植生も著しく異なる。このため、湿性植物などの育成により法先を護るためには、ある程度浸水頻度を固定してやる必要があり、植生篭工を採用して安定を図った。湿性生物もまた地下水位の高い浅畑川固有の特徴だからである。

さらに、治水上大事なことは、小河川といえども蛇行させた水裏側には上砂が堆積し、草木が繁茂する。一方、水衡部は低水路の深掘れと屈曲に伴なう外曲水位の上昇（カント）をもたらす。屈曲部においては、これらの治水上のマイナス要因を予め消去できるように、余裕のある河積を持つ横断型を設定した。

下流区間には多少のリスクは覚悟の上で、洪水時には水没する中州を設けた。「多自然型川づくり」の洪水時での検証は、個々の川、個々の場所で実証していく必要がある。水が張った時は大きく乱流するであろうこの部分を含めて、河岸崩落などで蝕まれてゆく横断形状の変化にはある程度流れに任せ、適時川に教わりながら修正することとした。また、あまり影響は大きくないが、水の流れに変化をもたらす個々の置石も横断図及び平面図に記入して、設計思想の明確化と今後の生態と河床変動検証の助けとした。

● 河岸法先保護工

河岸の法先保護は、極力簡易で「多孔質」なものを心がけた．工法は蛇篭工と植生篭でいずれも水面下に没し、生き物の生育の場となる．特に、植生篭からの植生は水面上にオーバー・ハングして繁り、魚の隠れ家（カバー）としての役目を果たす．

● 杭木水制工

河岸保護と漁礁効果をねらって、杭木と門詰石を水制工として施工．巨石を採用することにより、多種・多様な空隙が得られる．低水位でも水設すれすれぐらいに施工するのが良さそう．

④　既設橋梁

既設橋梁は、重力式コンクリートの橋台とコンクリート床版で、治水的にも「多自然型川づくり」にも似合わないものである。将来はぬくもりのある木を主体とし、「力」を内に隠した河道計画に見合ったものに架け替える必要があるが、今回の河川改修では将来計画をふまえた上で、差し当たり現況の橋梁に馴染む程度の暫定施工とした。

この部分は通水断面が改修後の上下流に比して著しく小さく、洪水時には縮流されて流速が増す。このために上流の洪水を馴染みよく下流に導き、上下流河岸の法面を保護するため、中水位程度までは柳枝工（石組み）により受けとめる。これらの石組みは、冠水頻度の低い部分における小動物などの隠れる隙間（巣穴）にもなることは言うまでもない。

⑤ 護 床 工

浅畑川は厚さ17mにも及ぶ軟弱なピート層の上にあり、現河床は支持力の殆どないシルトと粘土のみである。河床もまた単一である。そこで、水生生物の多様化を図るために、この河床構成材料についても改良を図ることとした。

まず、小段差落差工としての置石を施工する場合は、この置石自体がただちに埋没しないように支える地盤をつくる。概ね1mの厚さで、捨石、礫などで置き換えるが、浅畑川ではこの目に見えない縁の下の力持ち部分にはコンクリートガラも利用した。

落差工下流の淵は多少強いもので固め、洗掘を待ち受ける河床下の石組みの上面と置石周りには砂利または礫質土を補充した。これらの「小石」が洪水によって自然に流れて瀬を作る材料供給となることを期待したのである。素足に感じるあの水と石の感触ほどなつかしいものはない。

下流の中の島を介して流路が二手に分れる部分は、左岸の流路の河床を1mの厚さでゴッソリ砂利に入れ換えて、従来どおりの粘土質河床のまま残した右岸流路との明確な差をつけ、爾後の水生生物生態の検証用とした。これらの河床は、浅畑川の再活性化により日毎に型を変えていくことだろう。施工後は、それらの経過を見ながらすべての再活性化の工事が完了しても、その変化の状態を見ながら、ゆっくりと少しづつ、しかし、細やかに気長に対応していきたい。新たに持ち込んだ置石や小砂利により、河床が複雑化すると共に、流れに変化が生じ、新たな微生物や昆虫の幼虫、水生生物などの生息する機会が増え、食物連鎖のうえからも多様性ある生態系が期待できると考えられるが、それには長い時間をかけた検証が必要である。

⑥ 管理用道路

左岸管理用道路は、市道南沼上上土線を兼用させるが、それとは別に計画洪水位附近に、車に煩わされることのなく、訪れた人が散策でき小動物も渡れる幅75cm程度の小径を付ける。小段の高さも幅もまちまちにして変化をもたせ、自然観察路も兼ねさせる。ここでも直線は一切排除する。さらに、法勾配がゆるいため、この小段から水際への階段は設けない。この川の型そのものが正しい意味の親水であり、例え管理上都合が良くても、階段護岸などは全く無用のものと考える。設けるなら人の踏みしめた「けもの道」程度で良い。

右岸の管理用道路は全体敷地としては4mを確保し、水防活動用の資材が搬入可能な程度の路盤だけは作ることにしたが、景観的配慮から表土で被覆する。緊急時以外の管理用として、2m程度の蛇行させた通路部分のみ、砂利または砕石で整備する。コンクリートやアスファルト舗装は無論のこと、舗石ブロック等で遊歩道として飾りたてることもしない。求めるものは管理用道路といえども「生」のままの自然である。土の匂いが消えたら琳しかろうし、畦道の路傍に咲いたタンポポやスミレは、とてもいとおしいものだ。

従来の河川改修計画では、堤防高についてはその流量に応じて、いわゆる「余裕高」が定められているが、川幅について「余裕幅」を取ることはほとんどなかった。浅畑川では屈曲にともなう外曲水位の上昇（カント）の消去、将来の植栽または水制工設置の配慮として10～20％の余裕幅をみることとした。さらに、植生による流水抵抗はマニングの粗度係数に安全側に反映させるものとした。

浅畑川の河道デザインについては、既に直線的で平坦な人工水路に閉じ込めてある殺風景な河川をいったん取り壊し、隣接する道路、遊水地の敷地も取り込むことによって河川整備範囲の拡大をはかる。さらに、川自身が堆積や洗掘とのリズミカルでダイナミックな営みができるよう、将来を見越した偏流、蛇行化をはかり、流れの自由な膨らみによって、屈曲部、転向部における瀬と淵の成長を助けることとした。

5. 瀬と淵の造成

従来の河川改修では、局所洗掘を防ぐために流れの集中を許さず、洗掘力を増加させないために、固定河床によって水深を浅くする設計思想が支配的であった。したがって、河積を確保するために河床の大石や岩は除去されてのっぺらぼうとなっていた。しかも、洗掘防止の一環として淵が潰される例さえ多く、一時流行した魚巣ブロックなども瀬の淵の存在と無縁に設置されたものがほとんどであった。

そもそもすべての生きものは、その子孫を次の世代に残すために生きている。たとえば、魚にとって居心地の良い場所とは、その一生をまっとうするために餌を得て成長し、天敵や洪水から保護、避難でき、産卵し、子育てができる場所のはずである。とすれば、それは瀬と淵の有無が生涯の大半を支配しているといえる。

瀬と淵は両方が大切であり、それが交互に連鎖していることが重要である。付着藻類や底生生物の豊富な瀬は、魚にとっての食堂であり、産卵場所でもある。一方、淵は食住接近のベッドルームであり、稚魚や幼魚の成長や人間など天敵からの避難場所、あるいは増水時の滞留、休息場所になる。逃げ場がなければ、洪水時の水中生物は一掃されてしまうのである。一般に、淵は深ければ深いほど好ましく、魚類の生息数もほぼ水深に比例する。したがって水深は少なくとも1m以上としたい。

川は生きものである。瀬と淵は本来、川から人の手の束縛を外せば、川自らがつくるものである。そして、洪水ごとに河床は常に耕耘されて「生きた瀬と淵」として新鮮化する。しかし、浅畑川のような単一河床の暖流河川については、自然の川らしい川に戻すお手伝いとして多少の仕組みが必要である。

浅畑川においては河床縦断に変化を持たせ、水の流れの強弱と立体化をはかるため石組工および小段差（渓流）落差工を配置した。当然、置石の周囲は乱流し、下流側には洗掘を起こす。従来は、河川管理上問題ありとされたこの過流、乱流こそが、水の流れの多様性であり、その対応はこれらの水理特性をあらかじめ周知していて、縦断侵食に対して護岸欠陥を生じさせないように、将来の変動河床または法先にあらかじめ捨石工や蛇篭、またはフトン篭で待ち受けておけば過洗掘を防止できる。

従来の河川計画においては、工事費の経済性と過洗掘を嫌うあまりに護床工などを施工し、それが却って瀬と淵を失わせた。護岸根入れを画一的に、計画河床以下の1mに規定するなどと決めつけていた管理構造令の解釈そのものがナンセンスである。水衝部など洗掘され淵ができるのが自然の摂理ならば、護床工とてその洗掘水深以下に設置し、護岸の根入れはその分増やすなど、洪水流の掃流力を上回る抵抗力を持つ構造物にすれば良い。より深く淵を取り、転石、巨石を捨て込んでおけば洗掘防止にもなるし、魚巣、魚礁としての優れた効果も期待できる。川を人間の器に合わせ、したがわせることでなく、水の本性を徹底的に追求した柔軟な河川技術こそが本来の河川工法なのである。

また、浅畑川では河床底面の余掘り（いわばプール）も計画した。今までの改修工事では、水理計画にもとづく計画断面と設計図面に合致させるため、流心部の深掘りなどの計画河床以深部は埋め戻され、いわんや、デッドウォーター以下の新たな掘削は、治水上のメリットのないものとして排除されていた。しかし、その淀みが渇水時の魚の避難場所ともなり、より複雑な河床の形態が水生生物のより多様な生息場所の改善に資することと考えれば、深浅の差異を広げるこの余掘こそが、水生生物の貴重な生活空間といえる。

6. 河岸整備 — コンクリートを排して

護岸は流域住民の生命と財産を守るもっとも重要な根幹施設であり、コンクリート構造物は経済性、強度、施工性、耐久性、維持管理の面などにおいて、その目的は果たしてきたことは認めてもよいだろう。しかし、景観的に、また生態系的に好ましくないことも論を待たない。

第一の問題点は、空隙のない構造物のため、微生物、微小生物、水生生物、小動物、植物などのすべての生命に敵対することである。生きものにやさしい川づくりのキーワードは、材質よりもむしろこの「多孔性」にある。たとえそれが木や石などの素材でできていても、コンクリートなどで密封されている限りはそこに生命は育たない。色鮮やかなタイル張りの階段護岸も直立した壁の連続では、エビとカニは昇りにくかろうし、植物も根づく場所がない。

２番目は材質である。コンクリートは無機物であるが、伝統的河川工法では活きた材料も用いられている。たとえば、柳技工などの柳は萌芽更新力が強く成長も早い。根系による土の緊縛力が強く、洪水時にはしなやか

● **木工沈床の根固めと栗石羽口の護岸**

階段には枕木廃材を使用した．法面にある既存木はそのまま残した．

● シマアゲ漁

シマを引き上げ、同時にタモでシマの付近に集まった魚をつかまえる．シマの中にはさまざまな魚が入っている．（平成4年2月）

な枝葉によって粗度係数を増加させ、流速を弱め河岸を守り、万が一の時には木流しなど水防工法の材料ともなる。

そして何より、柳自体が鳥や昆虫の成育の場となり、水面の木陰は魚巣効果も持ち、古来詩歌に謳われたように、その佇まいは日本人の心の風景にも合っている。また、木や粗朶の枠組みに石を詰めた沈床は、構造物自体が水中生物や魚の成育の場であり、今もこの地に「シマアゲ漁」が残されているように、粗朶そのものが産卵の場となる。

３番目は、コンクリートの構造物は急傾斜のものが多く、物理的に生きものの流れを途切れさせてしまうことである。多自然型川づくりは、川の中または川沿いの土地に限定して行なうものではない。多孔質の構造物が河床から水際部、河岸法面に至るまで連続しており、さらに河辺林などを介して河川区域外の土地まで分厚い緑の森で覆うことが大切である。このことによって初めて、生きものの生活・生息空間としてのビオトープが形成され、川が生きものを隔てるのではなくむしろ、生きものをつなぐ軸としての水辺となるのである。

このような考えから、浅畑川では瀬と淵の創出と一体となり、水と緑を基調に、木、石、土、植生など、自然を生かした河川整備を目標とした。

● 阿多古川の階段護岸（間伐材を利用）

しかし、こうした自然豊かな川づくりでは、ゆとりある河川区域の拡大と、猛烈な破壊力を持つ洪水流に対処する強固で耐久性のある素材が要求されるという、わが国特有の苛酷な社会的、自然的条件の制約がある。でもそれは、自然豊かな川づくりに致命的な桎梏を与えるものではない。これまで進められてきた「効率的な治水施設の整備」から発想を広げ、治水機能のみな

●巨石張り護岸と中の島

石材は河川工事の残土として出たものを利用している．中の島は計画断面外に設置し、流下能力を確保した．

ここで大事なことは、この護岸が空隙の多い空石積のことである．これをコンクリートで固めてしまっては、見掛けは自然でも生態系より見れば決して好ましいことではない．

らず、川が育んできた地域の歴史、文化、景観や自然の営みに対しても勘案し、生きものにやさしい水辺環境を次の世代に継承していくためにも、「今やるべきこと」や「何をどう作るべきか」かという新たな視点が求められているのである。

川は人間と同様、それぞれに異なる「河相」を持っている。本来、川づくりがそれぞれの川の表情、個性に応じた一品料理であり、たとえ同じ川といえども、場所ごとのニーズや洪水流の強弱に応じた整備がなされるべきである。大事なことは、マニュアル、標準横断といった画一的な整備手法を排し、守るべきところは堅固に守り、残すべき自然はしっかりと残すこと。ところによっては、河川全部を護岸で埋めつくすことの是非も検討する必要がある。また、材質についても水衡部と水裏は当然使い分けるべきと考える。さらに、伝統的河川工法や水制工など、洪水流そのものをやわらげることにより植生を基本とする護岸の採択をはかるなど、先人の知恵に学ぶとともに、現代的視野からの効率化、材質の改良を工夫するなど、幅広く柔軟な対応が要求されるのである。

そうした意味からは、ただコンクリートを軽視することもなく、見た目で木材だけにこだわる必要もない。その強度、耐久性などの利点を生かしながら、土と植生をいかに組み合わせるかなど、景観的、生態系的により一層改良することが必要であろう。ただ、浅畑川の河岸整備については、この川特有の洪水、水理特性、河岸の状況などより、まずコンクリートを用いないことを前提として河岸整備を計画した。

なお、「水制工」は、きわめて優れた工法であり、特に越流、透過性のものは、生態系的にも好ましいが、浅畑川は川幅狭小のため今回は計画しなかった。

7. 浅畑川下流工区の整備

浅畑川下流工区では、用地上の制約により川を大幅に蛇行させる余裕も、護岸を複断面化したり緩傾斜にする余地もないため、河岸整備は片法枠工、石羽口工、柳技工、空石積工、杭柵工などの伝統的河川工法を小刻みに配置する多段式構造とし、法面全体としては植生と一体となって斜面崩壊を防止する多孔質護岸とした。

さらに、越流性、透過性の篭または枠組みによる二重法枠工の採用により、産卵、越冬および遊泳力の弱い稚仔魚の成育と洪水時の避難場所としての淀みや入江を設け、法勾配の単一化を排除したため法先（水際部）は凸凹の出入りの多い、多様で複雑な懐の深い変化に富んだ景観となった。

なお、水生生物や魚にとってもっとも大事な低水位以下についても、単

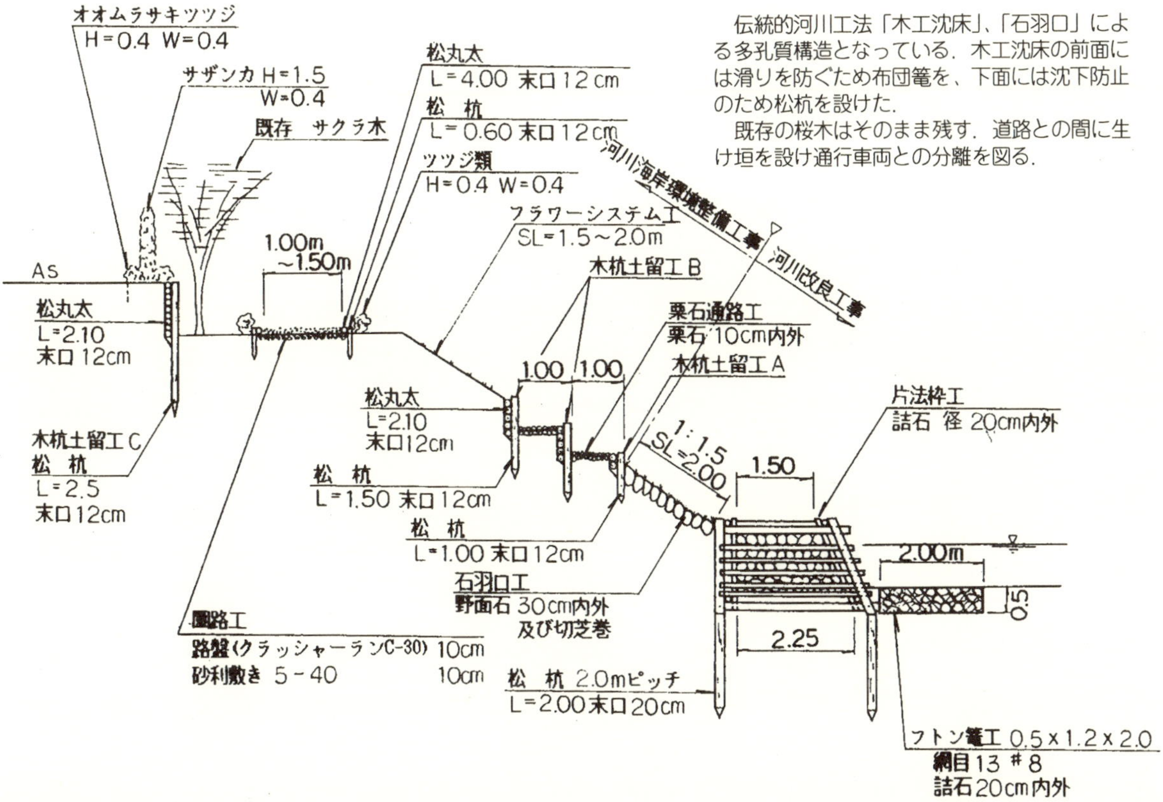

● 浅畑川下流工区
護岸工構造図

伝統的河川工法「木工沈床」、「石羽口」による多孔質構造となっている．木工沈床の前面には滑りを防ぐため布団篭を、下面には沈下防止のため松杭を設けた．

既存の桜木はそのまま残す．道路との間に生け垣を設け通行車両との分離を図る．

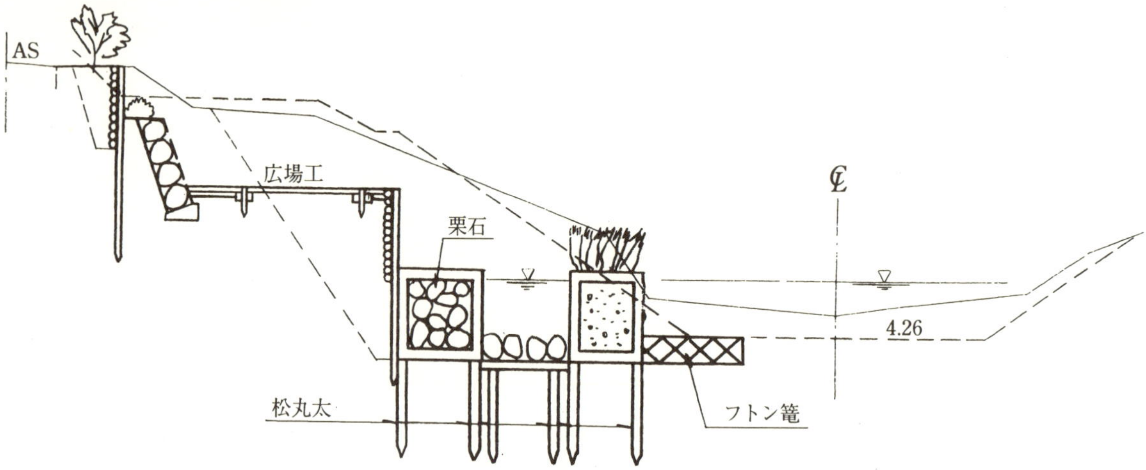

木工沈床による入り江を設け、淀みによる流れの変化、水生生物の避難場所とする.
広場の背面は「空石積」とし、植生を促す．主に蔦類の地被植物を植えた.

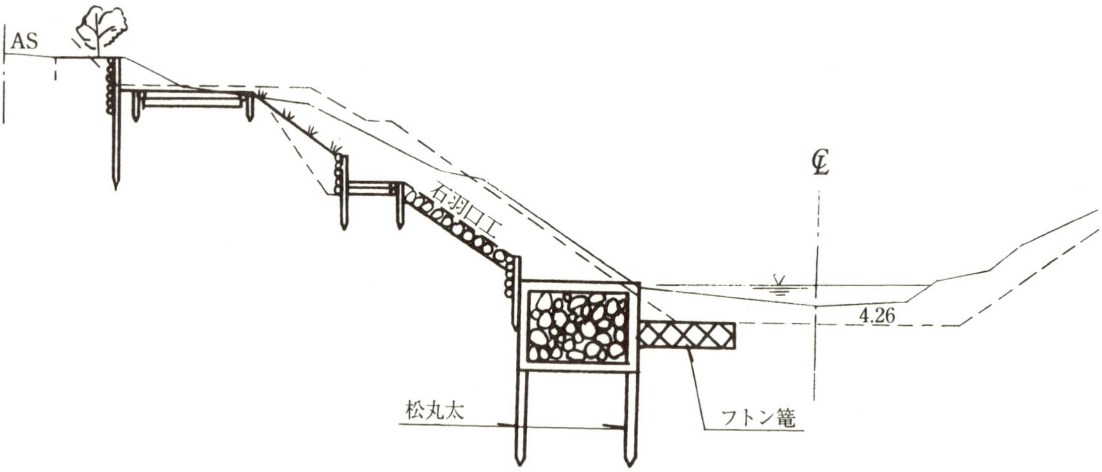

松杭による「中の島」で本流と隔離した緩やかな流れを作る．中の島は堤防とも隔離しており、鳥や昆虫が安心して休む場となるだろう.

法面は「巨石張」で間隙の多い瀬とする．巨石張は松丸太による格子枠で沈下を防いでいる．石の間には法面保護と植生を兼ねた柳を差す.

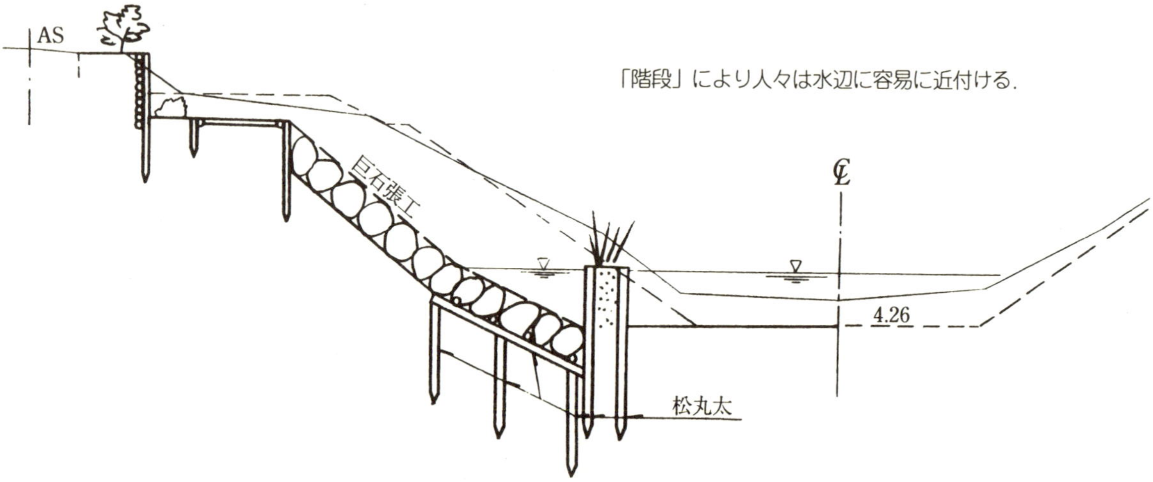

「階段」により人々は水辺に容易に近付ける.

川の中に置き石が見える．直線的な法線に変化を与えている．

階段と園路を設け「親水性」を高めた．

一な泥濘河床を多種な粒径の砂礫に置換し、計画河床以下の河岸にはフトン篭を設け、水際部も多様な空隙を持つ構造として底生生物の環境に配慮した。これらの工法に用いる石や木の入手についても、間伐材、廃棄枕木、建設残土中の良質土、転石を積極的に有効利用することにより、環境整備のために他の環境を弄う愚だけは避けた。

また、この背後には人の出入りの多い流通団地があるため、水辺への接近性を遊歩道によって確保し、既存の樹木を残すとともに河岸天端に新たに植栽し、通行車両との分離および散策する人の安全対策とした。まるで、猛獣でも囲むような「柵」を嫌がったからである。

8. 浅畑川上流工区の整備

上流工区の整備構想は下流工区よりさらに一歩進め、コンクリートはもちろん、いわゆるハードな人工構造物として護岸工を排除して、土と植生を基調とする自然性に富んだ河川整備とした。

植生護岸で大切なことは「ゆったりとした緩傾斜の河岸」であり、水理上の河積そのものを河川計画断面とする従来の横断計画を排除した。家でいえば、いわば廊下の部分にあたるのであろうか、止水域を含めてその「ゆとり」こそが大事であり、それを可能とする河川用地幅を確保できたからである。

経験上、堤体としての河岸法面の安定勾配は、土質を考慮して1：2（2割勾配）としてきた。この勾配でも植生護岸は不可能ではない。しかし、人の眼から見て安心感と水辺への親しみを与える法勾配は1：3以上であり、緩勾配にすればするほど植生の自由度も増すことになる。したがって浅畑川の場合は、仮に標準勾配を1：2.2（25％）とし、これを犯さぬ断面で適宜ゆるやかにし、画一的な横断面とならぬよう左右岸の断面に差異を持たせ、法勾配、洗先、小段の位置などをすべての側点で変化させ、起伏、陰影のある断面に努めた。その横断面の計画においては思い切って「定規」を捨て、すべてフリーハンドで作図することとした。このため、実際は設計図書に法勾配を明示せず、生態系の有識者を含め、現地の丁張りで川と向き合って決定することになる。

●植生篭による施工例

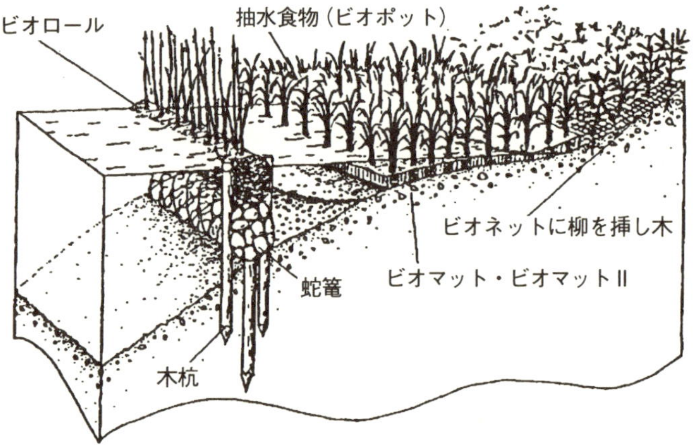

（富士見グリーンエンジニアリング㈱）

● 浅畑川上流工区 施工状況

着手前. 一次改修により、直線的な水路につけかえられており、水辺としての広がりが消え、人工的な印象が強い.

『多自然型川づくり』施工後. 河岸法面の勾配を緩やかにするとともに変化を付け、川の蛇行化を図った. 河岸整備は簡易なものだけとし、置石工、余掘りで水の流れを立体化し、「川らしい川」をめざした.

河岸の整備は、いわゆる法面保護工を一斉排除して、喬木、灌木を含む植生のみとした。しかし、特に水際部は植生が活着する前の出水によって容易に洗掘されるので、水衝部法先部分のみはゴロタ石またはごく簡易な石積、または杭木水制、其の他の箇所は空隙の多い蛇篭の一本並びの上の植生篭（ヤシ繊維でできた直系60cmほどのロール）を配置した。

また、これらの法先背後には、あえて冠水頻度の高い、3～7m程度の平坦地を設け、その浸水頻度に応じて沈水植物、水生植物の植栽を計画した。湿性植物もかつてこの低地にあったものだからである。

なお、湿性植物、法面植生、喬木、灌木の樹種については、私を含めトンカチ（土木技術者）の頭では不得手であった。樹種については行政側としては規定せず、この地の「水生生物研究会」、「野鳥の会」など、自然と生態系に詳しい人たちの知恵を借りることとした。また、穴居性以外の土の部分を生活の場としている生きものを考慮し、河床と河岸をゆるやかな土のスロープとして植生をまったく行なわない場所も計画し、法先止めは自由に生きものが往来できる乱杭のみとした。

その他には、水理計算上の断面を大きく上回る膨らみを持たせたことにより、中流部右岸ではトンボ池、下流部では冠水頻度の高い中州を計画し、河辺林にはビオトープの拠点としてのさまざまな仕組みも考慮した。しかし、これらはいちいち整備計画で規定せず、川全体の自然復元の状況により対処することとした。

9. 景　観

樹々の間を岩を噛み流れる小川と翠黛の山々。華やかな花をまとわなくても、豊かな自然はそれ自体が美しい。移り変わる四季の彩り。音をたてて流れる水と水藻にたわむれる魚。森から聞こえる鳥のさえずり。梢をゆらす風に舞うトンボと蝶。この中に人工的なものはただひとつもない。

偽りのない個々の生命の息吹の集合が美のオーケストラ。おのおのの生きものの音と姿が重なりあう旋律のように交じり合い、高め合って、そのふれあいの緑がまた大きな美しさを育てていく。このような水辺こそが私たちの誰もが抱く川の原風景であり、長い年月にわたり日本の文化と風土と、何よりも私たちのやさしさを自然が育んできた、かけがえのないふるさとの川である。

浅畑川で求める景観は、清冽な水の流れとより豊かな生態系を持つ自然植生と解したい。植生は生態系のもっとも基本的な構成要因であり、落葉による微生物、落下昆虫など、一見無関係な水中の生物さえ食物連鎖を辿ればここに行く着く。

変化に富む河床形態と水の流れ、立体的で多孔質な水際部、水中から河岸、天端に至るこの複雑で多様な河川環境が豊かな植生を創り出す。瀬や淵での瀑気、底質への酸素供給、置石工、河岸の蛇篭工、玉石積、水際部の植生篭、沈水植物と水藻。さまざまなものにふれあうことによる接触酸化と吸着、そして植物による窒素、リン、富栄養吸収と微生物、小動物による摂取と有機物の消化分解。自然は完全省エネルギー、完全リサイクルの優等生でもある。

河床からの地下浸透と植物の水流による暑さ寒さの緩衝、大気の浄化……。水と緑と光、大気と生きものと、すべての自然が仲良く手をつないで水を浄化する。清冽な水の流れもこの植生より始まる。

浅畑川は人の手を排し、より自然の「川らしい川」をめざす。植生についても自然自らの再生を持つのが基本であろう。しかし、その再生には時間がかかるが、いつまでも生命がやってくるのを待つわけにもいかず、過去の自然改変のつぐないとして、ここでも人間の手助けが必要である。

日光の射し具合、神秘的な風の流れ、土質、冠水頻度、低水位と洪水位。新たな植栽はこの自然条件により形成され、眼につきやすい喬木、灌木のみならず、沈水、水草、湿気、水際、地衣類などの多層植生が必要となる。もっとも大事なことは、流域内にかつてあったものの復活が大原則で、美醜を問わず、妙な異品種を持ち込まないことだ。

ちなみに、治水上、河川における植栽を厳禁とする見解がある。植栽が河積を減少させ、粗度を増して流過能力を減ずること、樹木の流出により下流に障害を与えること、堤体をゆすり、弱めることなどが主な理由であった。ということは逆に、河道断面に十分な余裕を見込み止水域を確保すること、堤体の定規断面外に植栽帯としての余盛を行なうことなどの対策を行なえば、植栽が可能であるということでもある。

● 上流工区完成部分 — 夏

樹木植栽は行われていないが、完成１年後の夏の写真.
蛇行し、岸辺に草が生い茂る、昔の小川のような景観を再生した.

ただ、植栽は年々成長する。ドイツのアーヘン工科大学水理水文学研究所で行なっているように、何年後にはどこどこの木を何本伐開すれば河積阻害にならないかとか、乱流、抵抗力の複雑な水理解析、高水敷植栽にともなうインターアクションプログラムなど、将来をも見越した水理学的な検討が必要なことはいうまでもない。

治水の問題さえクリアーされれば、私の求めるものはあくまで「兎追いしかの山、子鮒釣りしかの川」の忘れ難きふるさとの川。そこで拾ったものはドングリの実、遊んだのは雑木の林であった。

この浅畑川の一帯は照葉樹の地であった。私も蘇らせたいものは、放流してもらえぬ魚と金にならない木。シンボリックな鯉の放流も、アピール効果を期待しての蛍も放たない。鑑賞用の庭園木も花木も単一品種の芝生もいらない。かつてこの地にあって姿を消した蒲、萱、セキショウ、黄ショウブの再生と樫、椢、櫟、栗などの雑木林としたい。ただ、これらの植栽とて植え方によっては人工的、庭園的な匂いがしてしまうもの。樹種、植栽間隔にも画一を排し、あたかも昔からそこにあったかのごとく、「さりげなさ」を大事にしたい。人間の知恵の見せどころは、いかに人の手を隠し自然の中に溶け合わせてゆくか、この一点にある。

浅畑川（上流工区）には、人目をひくランドマークもパーゴラも、花園や一つのベンチさえない。キラキラと輝くファーニチャーの飾りはおろか、口紅も白粉もつけぬすっぴんの川である。ただひっそりとそこにあるだけのひどく見栄えの悪い川だが、私たちはそんな川をめざしたい。

10. 維持管理と検証

「多自然型川づくり」の特徴は、通常の工事のようにその完了が川づくりの修了ではなく、その「出発点」だということである。幸い、私たちの試みが成功したとしても、生み出されるのはいまだ緑の産着さえつけぬ裸の赤子である。時々刻々姿を変えていく植生と生態系、水質などの観察を続け、洪水、渇水などの状況を検証し、傷み具合に応じてそれのほころびを修正するなど、周辺の自然環境の変化に敏感に対応する感性も求められる。

日本の自然復元力は圧倒的であり、維持管理の問題点は、復元しすぎた行儀の悪い自然かも知れぬ。植生のきびしいヨーロッパとは異なり、植生の豊かなわが国では、質の高い緑のみを好むようだ。特に、都会で育った人々は整然とした河川景観を好み、放置され雑然とした自然は嫌う傾向に

●乱杭工の施工および植生状況

ここでは、空石積、蛇篭などの法先保護工をすべて止め、土の上に乱杭のみを配し、スロープは極めてゆるやかとした．土の部分のみを生活する生きものと、河底と河岸との生物の通路をかねるためである．

① 施 工 中

② 工事完了後（H. 7. 4）

③ 1年後の植生活着状況（H. 8. 4）

● 植生状況

「多自然型河づくり」
工事修了（H. 7. 7. 17）

約１年後の植生状況
（H. 8. 4. 22）

ある。猛々しい雑草で草ぼうぼうとなれば、衛生、保安、河川管理上も支障があり、外来種など超強勢種や単一品種の異常繁殖、生命に危険な害虫、伝染病の原因となる虫の対策、淀みにおける蚊の発生、柳の花粉の飛散、枯死した草木の除去、ゴミの清掃など、私たち行政はあらゆる苦情の窓口となる。

確かに、自然のままの川とのつき合いは煩わしい。まるでドラ息子を一人抱え込んだようだ。しかし、全身に汗することなく、口先ばかりではより良い環境が保てるわけがない。結局、同じ思いの方々と末長くつき合ってゆくしかない。

おわりに

浅畑川の川づくりで求めたものは、水辺公園でも、植物園でも魚の水族館でもない。あくまで、生のままの川である。川の気持ちになってさまざまなことを行なってきた。あとは川を過保護にしないよう自然に任せれば良い。川と向き合っていれば、怒り、喜び、病んだ時の表情をこと細かに教えてくれる。やがては自然と生きものを抱きかかえ、やさしく再生していくだろう。

川は一本の線として流れているのではない。天からの一粒の雨に始まり、私たちの血管のように流域内の無数の流れと一体として成り立つ。豊かな生態系も、孤立した点や線ではその目的を達することができない。

浅畑川は隣接する遊水地がそれぞれに生態系の拠点となり、なによりもまず、緑の帯がビオトープの軸として自らの力で厚みを増していくとき、空飛ぶ鳥がここで憩い、水辺の生きものたちの新しい生命が生まれ、子育てが始まり、種が残されるのであろう。

● 「多自然型川づくり」工事完了後１年

こんなささやかな水辺に、もう生きものが戻ってきた．今後は、「日本ビオトープ協会」などの協力を得て、わたしたちがさまざま検討した理論と現実の差は何なのか．どうしたら良いものができるのか、引き続き長い目で検証を続けてゆくことになる．

自然は自ら未来を論ずることはない。魚も虫も鳥も、数千年の昔から変わらぬ自然に全幅の信頼をおき、種の繁栄を忠実にくり返してきた。生の連続性、永遠の生命は宗教的命題ではない。生きとし生けるものは自然を構成する一員であり、生きもののすべてが人間と同じく「種」と「夢」を次の世代に託してゆく。

自然と人が織りなす美しい共存空間。この浅畑川の川づくりが、子どもの頃への郷愁や憧憬に終わることなく、生きとし生けるものの共生となることを祈りたい。

V

日本の伝統的河川工法に学ぶ

伝統的河川工法による多自然型川づくり

1. 伝統的河川工法の概要

日本は川の国である。日本人は、往古から川の氾濫原を生活の場とし、瑞穂の恵により糧を得、川を治め、水を慈しみ、川と水に関わる文化を育ててきた。後に、黄金の20世紀と称えられるであろう現在の私たちの繁栄は、決してひとりで出来上がったものではなく、治水の先人達の血と汗と涙の結晶である。世界一苛酷な自然条件の中、凄まじい破壊力を持つ洪水と生命がけで闘い、知恵の限り尽くして川を宥め、川と上手く付き合いながら川と共存する技術を身につけてきたのである。

「水を治めるものは、国を治める」― 暴れ川を鎮めるものは、舟運を充実させ、新たな田畑を増し、民心を安定させ、計り知れない恩恵をもたらした。とりわけ戦国時代、良き治水者はよき為政者であり、優れた統治能力をもつ者はことごとく治水の天才であった。

これら治水の天才たちの技術は、まず水を知り、川に教わり、何よりも川を怒らせないことであった。古老を集めて古今の水害を聞き、河床の変動、洪水時の水流と水衝りなど自ら飽きるほど検分して決して緩怠することはなく、間違っても川に生身の刃をつきつけたり、ねじ伏せたりはしなかった。圧倒的な自然の脅威に逆らわず、自然と共に生きようとする姿勢。自然を畏敬し、自然を生かす治水。これこそが日本の治水の根幹であった。

武田信玄は、洪水を跳ね返すだけでなく、万力林（水防備林)、霞堤、菱牛、棚牛などの工法を駆使し、むしろ水勢を利用した不連続堤により水を治めた。

加藤清正は、乗越堤（溢流堤）石刎（水制）轡塘（遊水地）を案出し、調略により洪水をなだめた。

熊澤蕃山、豊臣秀吉、平田靭負、伊奈忠治……。彼等は、施工と土木資材の未発達を超えてたゆまぬ努力と工夫により、素晴らしい治水事業を成し遂げた。そしてこの遺産の幾つかは、400年後の今でもなおその役目を果し、結果として自然に馴染み、生き物をやさしく育てる空間を創り出している。

ところで、治水、利水、環境という川との付き合い方も必要であるが、「知水」、「敬水」という、川の本性を理解することもまた大切である。

私たちが「伝統的河川工法」で学ばなければならないのは、この自然に対する懐の深い思想であり、川との付き合いの仕方である。一番肝心なことを忘れては、いくらきめ細かい河岸の施設ばかりを作ったとしても、それは魂のない仏づくりに落ちいるのではなかろうか。水に対し、まず自ら敬虔な態度で接する。そして水の本性に逆らうのではなく、水の本性になじむ工法。これこそが河川技術の神髄である。

私たちが先人から受け継いできた、自然と共存する「伝統的河川工法」。私たちが次の世代に引き継ぐべき治水対策の一つの方法を示唆しているとは言えないだろうか。広義の「伝統的河川工法」には、治水の天才たちが行った霞堤、雁堤、轡塘（遊水地）など、洪水に逆らわない治水戦略や住民の敬虔と知恵で部落を守った「輪中堤」、あるいは氾濫に対して水災防御のための「水屋」や「舟型集落」、水害防備林をはじめ、河岸の決壊防止に植栽した笹や竹藪、柳の木なども含まれるが、ここでは、コンクリートに代表される近代的治水工法の技術が普及する以前に用いられていた、護岸、水制などの土木構造物について、伝統的河川工法として言及する。

この河川工法は、日本各地においてそれぞれの川の特性、特徴に合わせて、独自に発達したものである。河川規模、河床材料、植生などが異なるために千差万別、百花繚乱の趣がある。その名称も地域毎に様々な呼名があり、対象とする川に合わせていかに試行錯誤をくり返し、創意工夫を積み重ねてきたかの労苦が偲ばれる。

老子は、「上善は水の如し」と説き、「孫子」によれば、「夫れ、兵の形は水を象る。水の形は高きを避けて下に趣き、兵の形は実を避けて虚を撃つ、水は地に因て勝ちを制す。勝兵は水に似たり……」とある。

水は極めて柔軟であるが、その集中性と不変性により山をも崩す。もし、将が鋭利な武器と堅固な甲冑に身を固め、変幻自在な戦略にもとづき水のように行動すれば、天下に敵するところがない。武将たちは大敵にあたっての軍略を練るように、洪水に対しても様々に巧妙な戦略、戦術を考案して防備を固めた。そして、わが国の河川特性に適応した河川工法を確立した。

老子の言う「柔は剛に勝ち、弱は強に勝つ」の思想と水の本性の徹底的な追求。これが伝統的河川工法である。

● 伝統的河川工法の概要

分類	工法名	工法の概要
法覆工	芝付工	法面に芝を張るか植えつける工法で、切芝を全面に張る総芝張り、市松形に張る碁目張り、切芝の長手を横に張る筋芝などがある。
	柳枝工	元口を上流に向けた柳そだを敷き並べ、適当な間隔に小杭を打ち、それに柵をかいて、ますを作り、柵の高さ一杯に土砂、砂利を詰める。
	栗石そだ工	構造は柳枝工とほぼ同じで、土砂や砂利の代わりに栗石、玉石、野面石を使用する。
	蛇籠工	網目に編んだ円筒形の籠に玉石や割石を詰めたもので、籠材料により竹蛇籠、柳蛇籠、鉄線蛇籠などがある。蛇籠を水平に並べるのを腹籠、縦に並べるのを立籠という。
	石張(積)工	法勾配が1割より緩い場合を石張工、それ以上の場合を石積工と呼ぶ。モルタルやコンクリートを用いて石を接合したものを練り石張り、練り石積み、接合材を用いないものを空石張り、空石積みという。石材には玉石、割石、野面石、間知石が使用される。
法留工	土台工	土台木で法覆工の荷重を支えるだけの簡単な工法であり、滑動防止のため、止め杭やさん木を設けることもある。
	柵工	柵とは杭木に竹やそだをかきつけるもので、材料により竹柵、杭柵、そだ柵、板柵などがある。竹柵では木杭を等間隔に打ち込み、唐竹で柵をかき、その裏に柳交じりそだを立そだとして土砂を充填し、背面には吸い出しを防ぐため栗石、砂利を詰める。板柵工は竹柵工の唐竹の代わりに松板を用いる。
	詰杭工	適当な間隔で親杭を打ち、その間に成木や詰杭を打つ、頭部は挟み木などで連結して補強し、背面に栗石や砂利を詰める。
	枠工	木材で組んだ三角、四角、台形などのフレームを水平材で連結して組み立てた枠の中に玉石を詰めたものである。
根固工	捨石工	大きくて重い割石や玉石を根固部に投入する最も簡単な工法である。捨石工の一種で施工箇所近くの大石を寄せ集めて、敷き並べる工法を寄石工という。
	そだ沈床	そだを束ねた連柴を格子状に組み、その交点を結束し（下格子）、その上にそだを縦横に3層敷く。さらにその上に下格子と同様に上格子を組み、上下の格子を結束する。そして等間隔に杭木を打って柵をかき、その中に割石や栗石、目つぶしの砂、礫を詰めて沈める。
	そだ単床	そだ沈床の構造を簡単にしたもので、下格子の上にそだを1～2層敷き、上格子を省略して柵をかき、沈石する。
	木工沈床	松あるいは杉の丸太を方格に組み、これに井桁状に数層重ね、その底と蓋に丸太を敷き並べ、中に石を詰める。丸太の代わりに鉄筋コンクリートの方格材を用いたものを改良木床という。
	枠工	法留工の枠工と同様で、続枠、楯枠、弁慶枠、三角枠、合掌枠など、河川の特性に応じた種々の工法がある。
	蛇籠工	法覆工の蛇籠工と同様。
水制工	杭打ち水制	杭木を一定の間隔及び形状に打ち込んだ透過水制で、杭木に梁を取り付けた梁掛杭出し、杭木に柵をかいた屏風出し、杭木に垣根のように立竹を取り付けた立竹杭出しなど、各種の工法がある。
	沈床水制	そだ沈床、木工沈床、改良木床を水制として利用した不透過水制で、そだ沈床をT字型に沈め、その上に覆工を施工したケレップ水制は著名である。
	牛水制	丸太材を三角錐あるいは四角錐体に組み立て、蛇籠により沈設する透過水制で、合掌木の形状が牛に似ていることから名付けられた。河川の特性に応じた種々の工法がある。
	枠水制	枠工を利用した半透過水制である。
	蛇籠水制	蛇籠を利用した半透過水制で、籠出しといい、数本の蛇籠を束ねる根方の蛇籠を襟籠、先端のものを締籠、中間のものを帯籠と呼ぶ。
護床工	捨石工	根固工の捨石工と同様。
	木工沈床	根固工の木工沈床と同様。
	枠工	根固工の枠工と同様。
	蛇籠工	法覆工、根固工の蛇籠工と同様。

粗朶とは、樫、楢、樅の木などから切り取った木の枝のことで、特に枝別れしているものを言い、枝の先の方で枝別れのないものを帯梢《おびしょう》と言う。

敷粗朶《しきそだ》とは、栗石の下に粗朶を敷き並べたもので、立粗朶《たてそだ》とは杭の背後に粗朶を立て並べたもので、背後土砂の流出防止および土圧の均等化を目的にするものである。

粗朶　　帯梢

連柴《れんさい》とは、束粗朶《たばそだ》を解いてその中からもっとも長く、かつ真っ直ぐで細枝の多いものを選び、根と梢とを重ねあわせ、締め金をもって締め付けつつ 15cm 間隔に二子縄《にたごなわ》、棕櫚縄《しゅろなわ》、12 亜鉛引番線等で結束し、径 15cm に仕上げたもの。

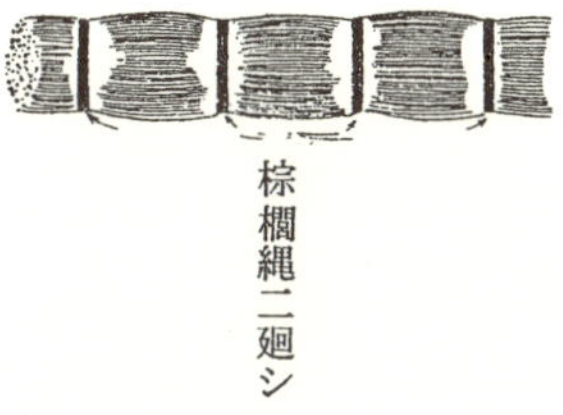

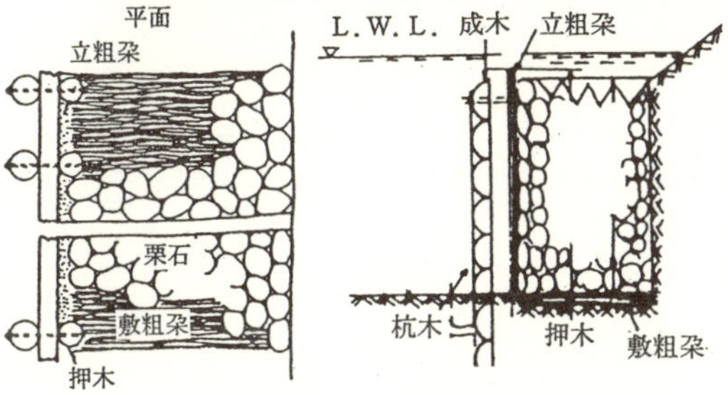

丸　太　柵　工

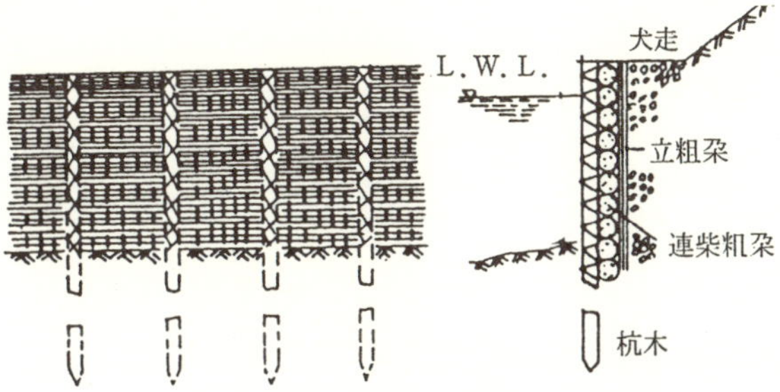

連　柴　柵　工

板　　　柵

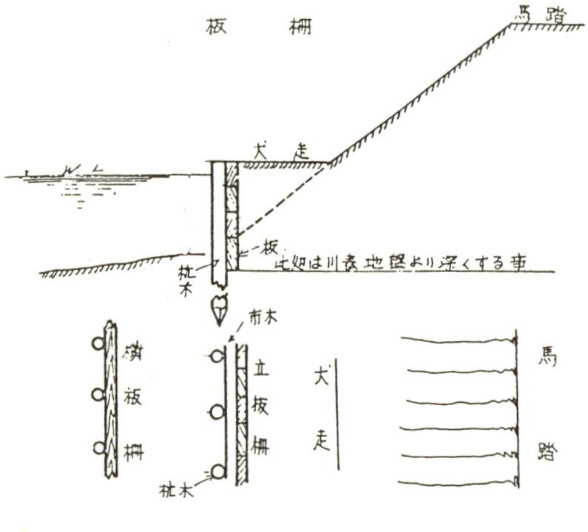

丸　太　柵

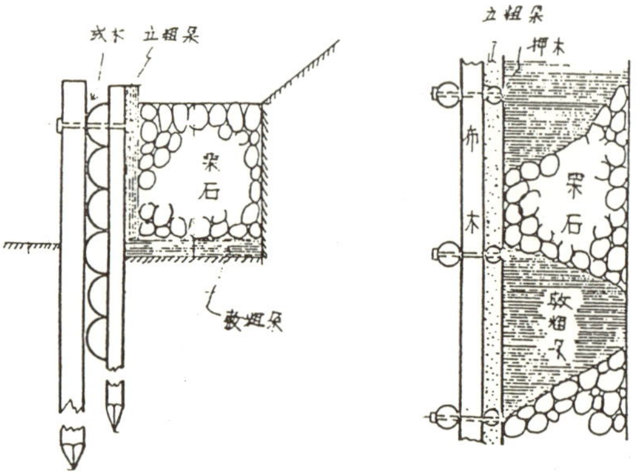

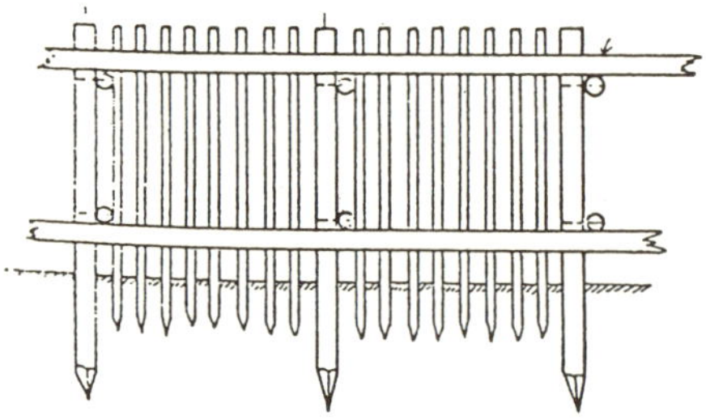

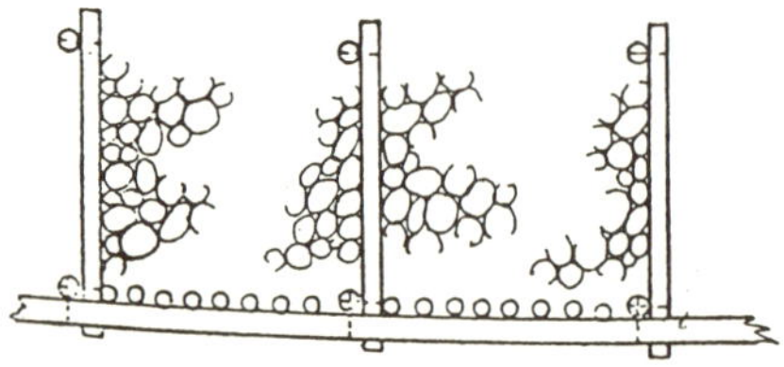

杭打片枠工 (1)

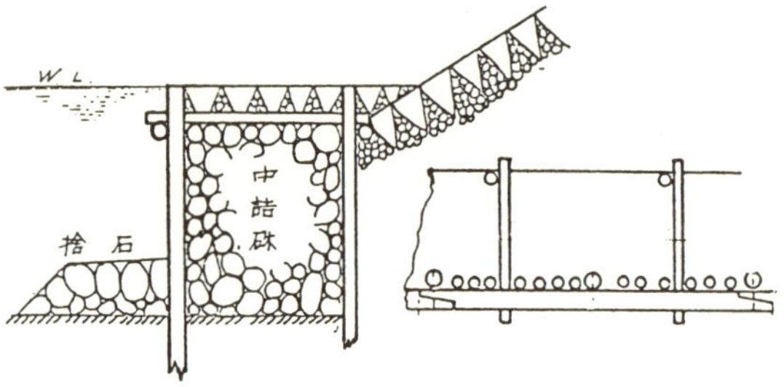

杭打片枠工 (2)

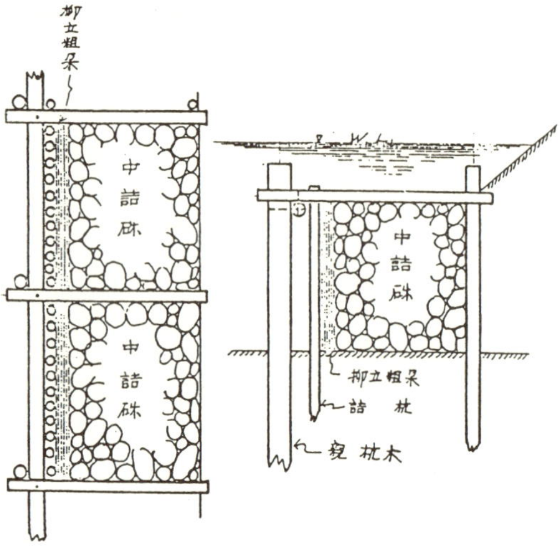

杭打片枠工 (3)

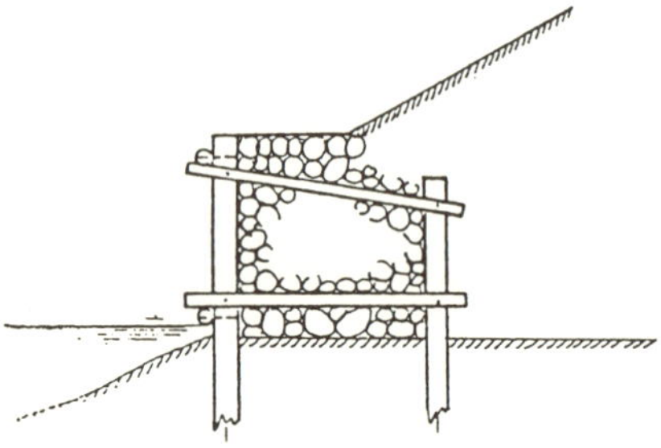

法　柵　工

平　面

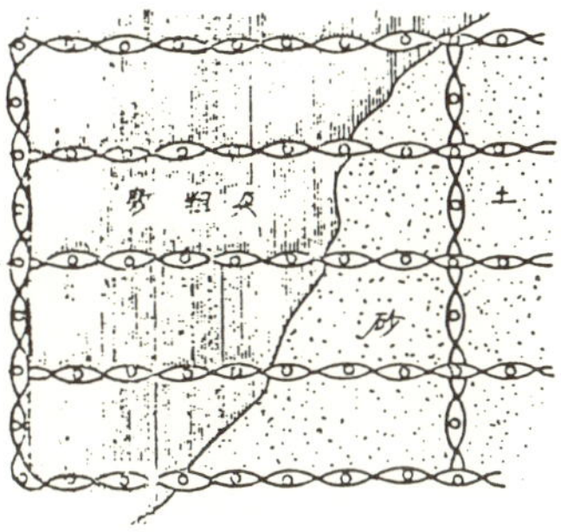

断　面

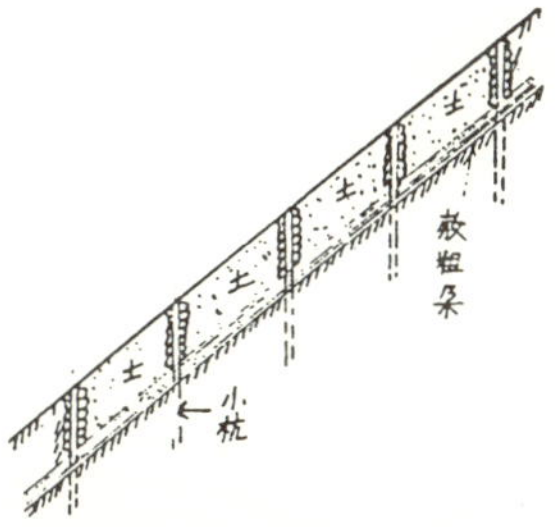

段　柵　工

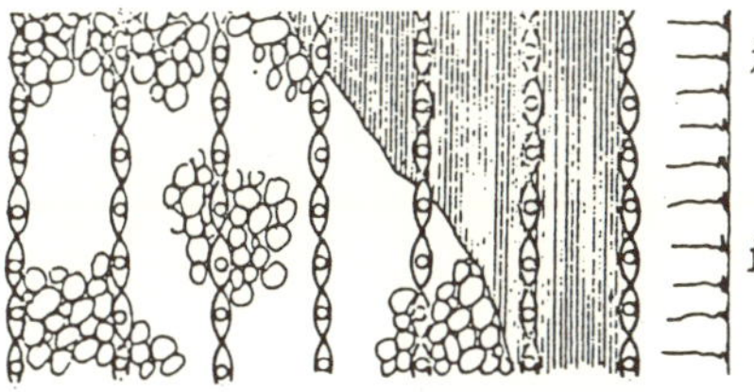

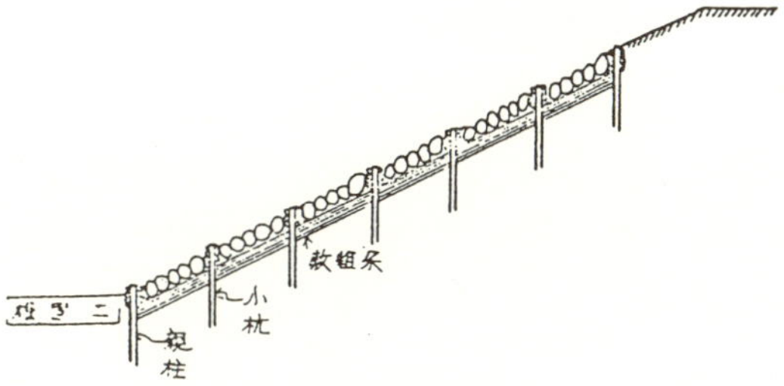

投　掛　工

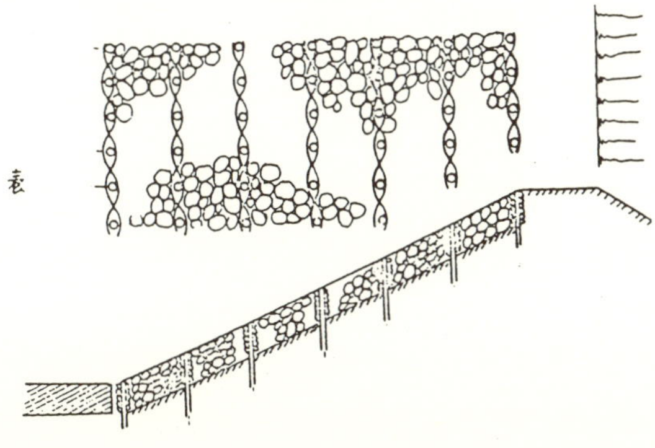

連柴付柳枝工

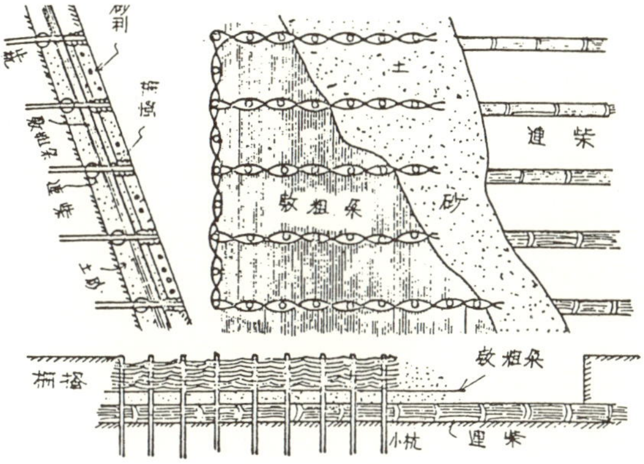

栗石粗朶工

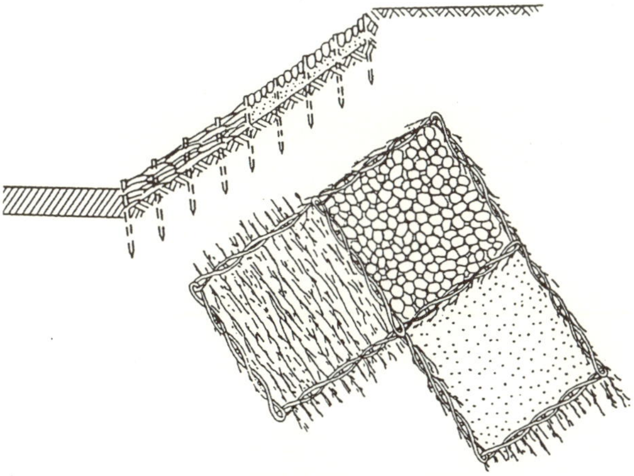

柳　枝　工

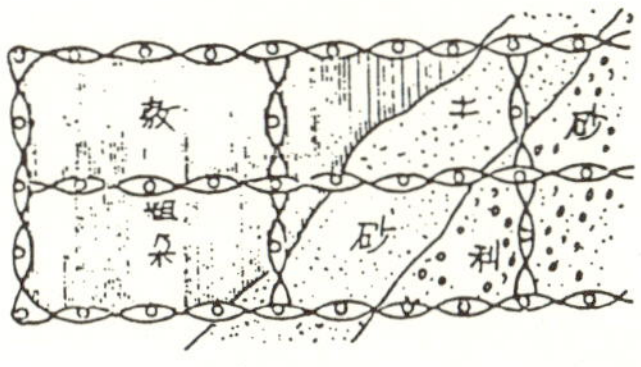

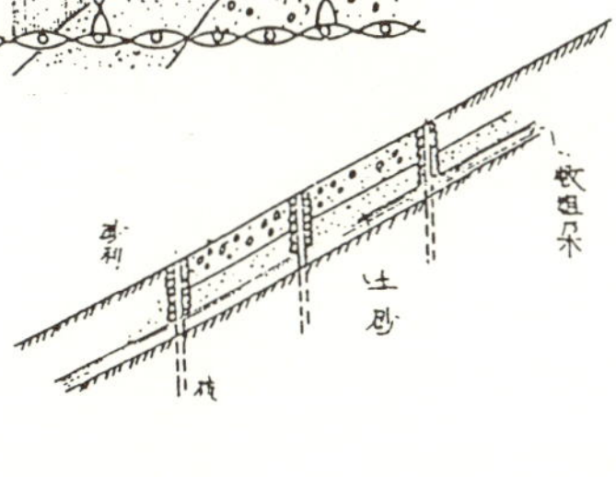

牛　　枠 (1)

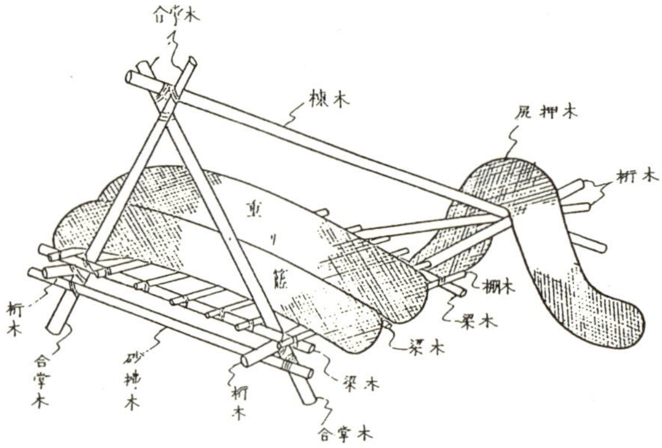

棚　　　　牛

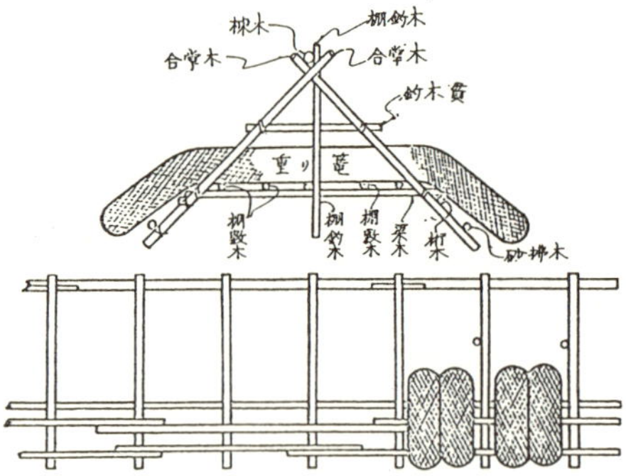

三　基　枠

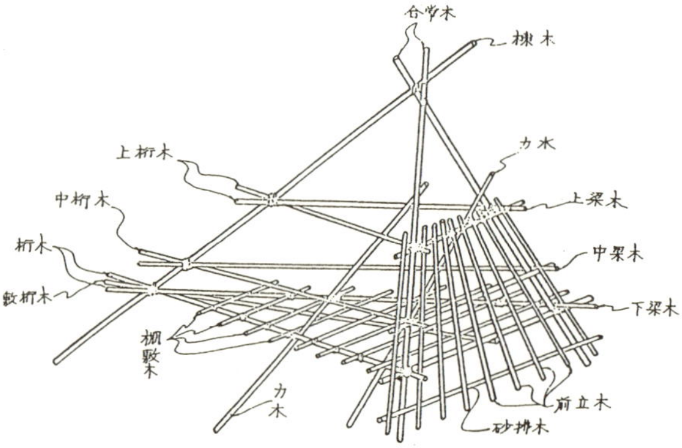

沈床床止工

粗朶敷木工沈床（その1）

正　　面

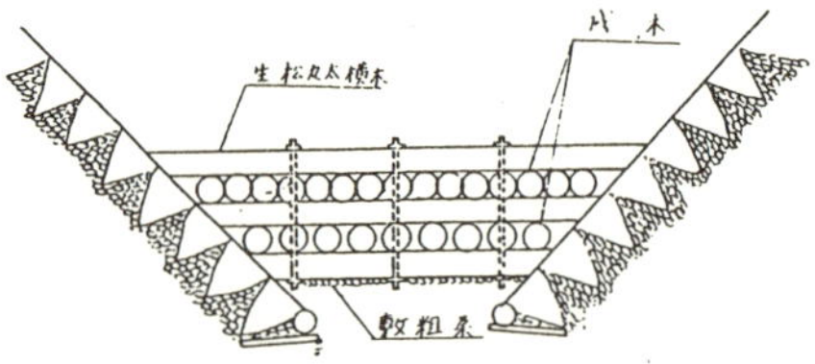

断　　面

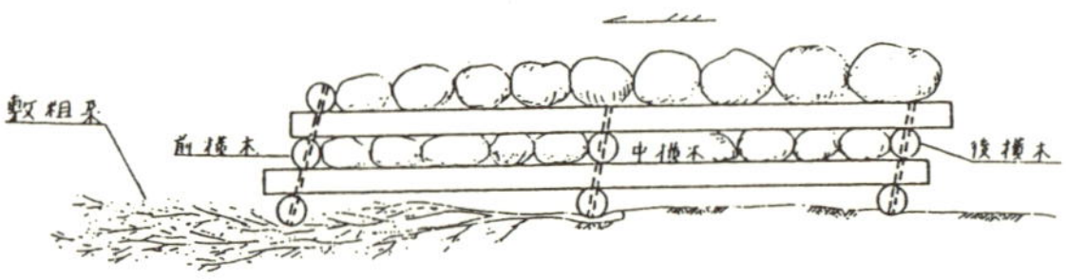

粗朶敷木工沈床（その2）

正　　面

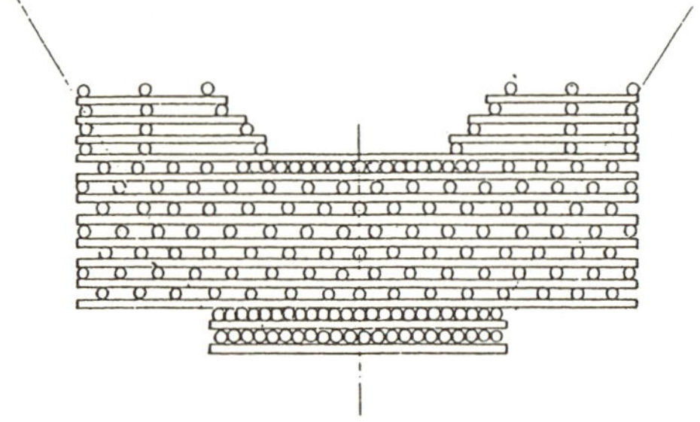

断　　面

粗朶沈床

平面

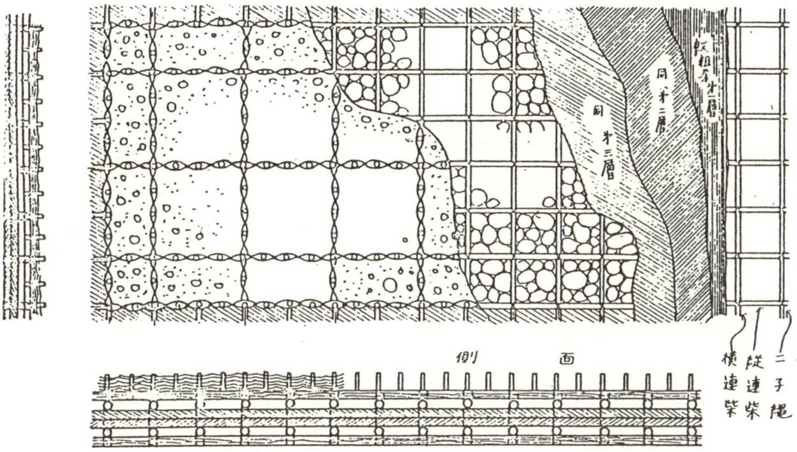

木工沈床（3層建）

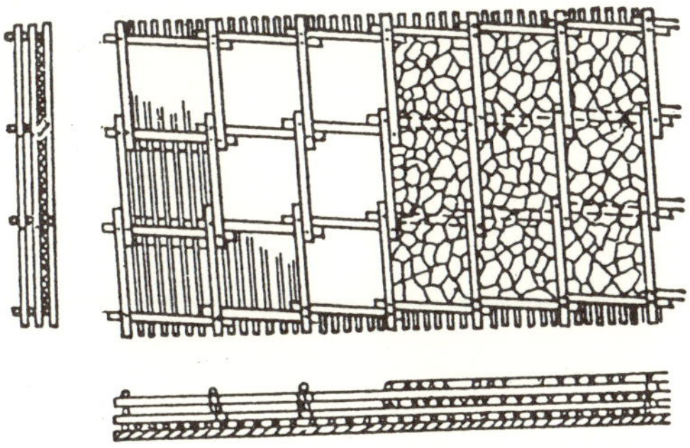

改良木床

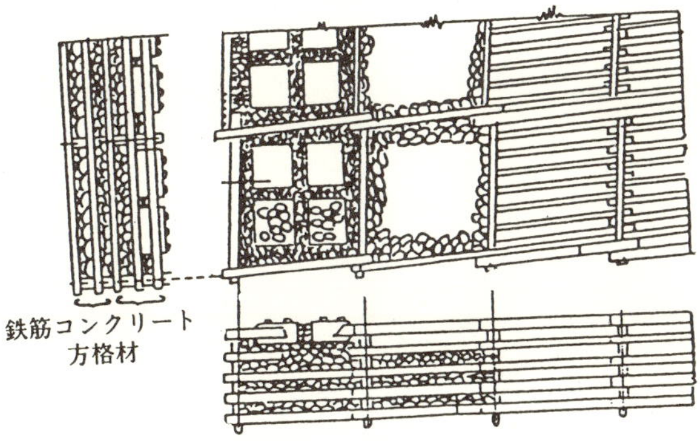

可動木工沈床（1）

立成仕立

平面

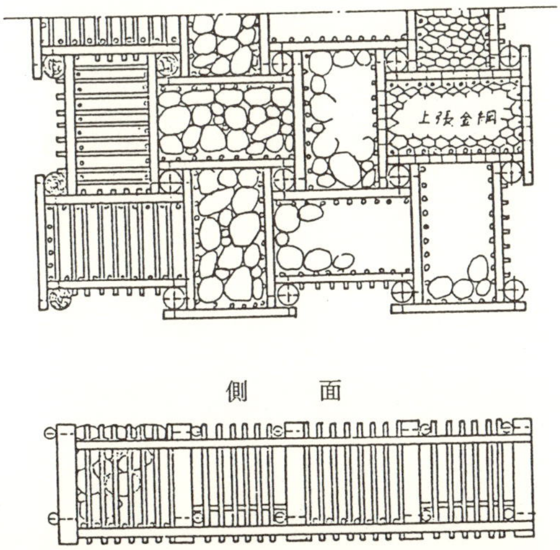

可動木工沈床（2）

横成仕立

平面

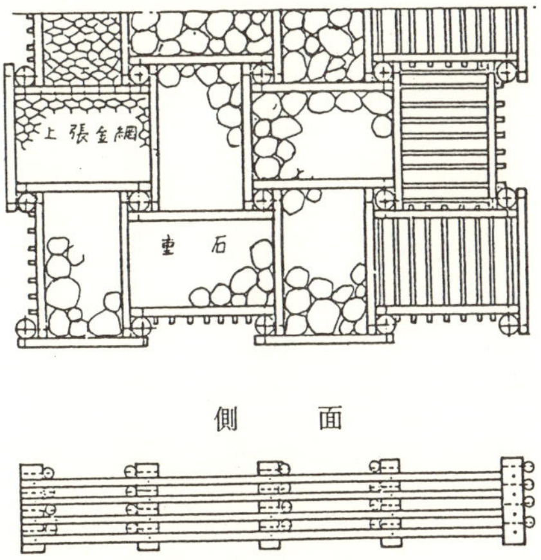

弁　慶　枠

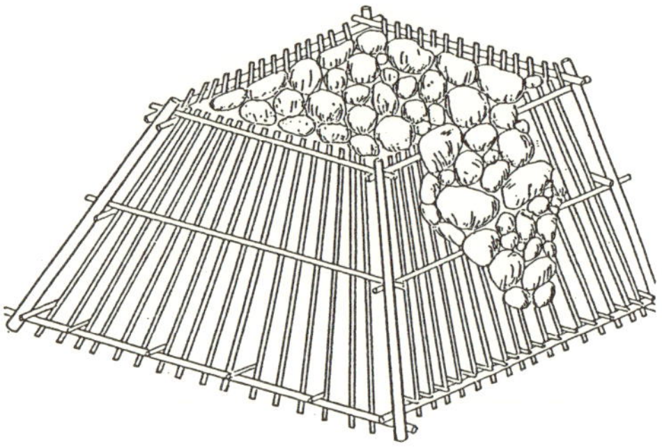

合掌両法枠

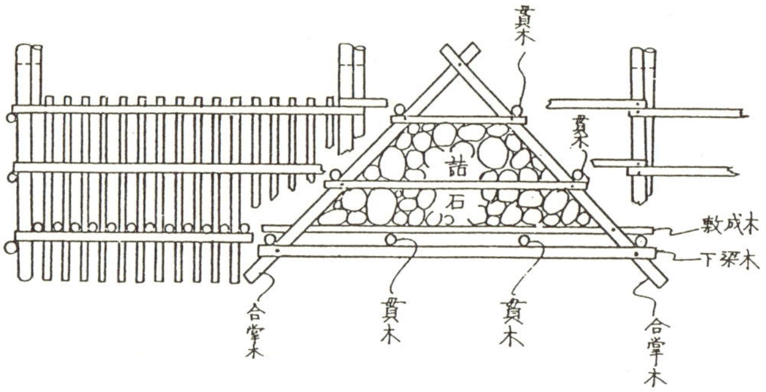

続　　　　枠

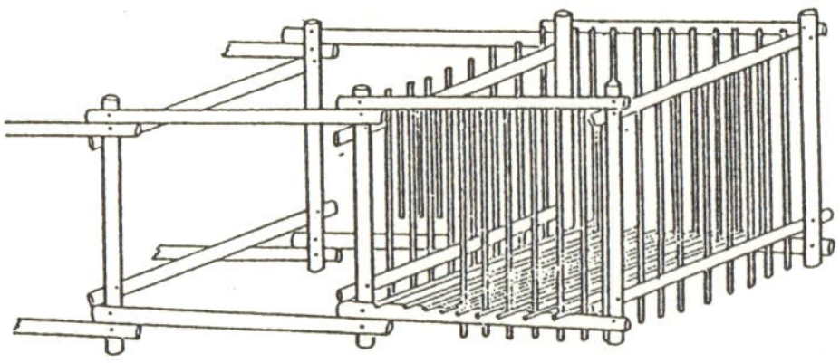

片　法　枠

平　　面

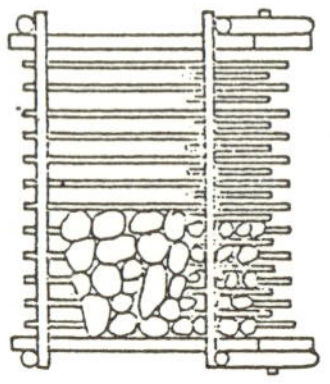

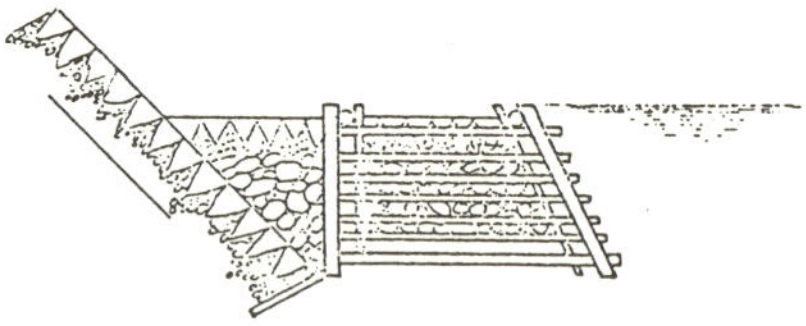

沈　　　　枠

平　　面

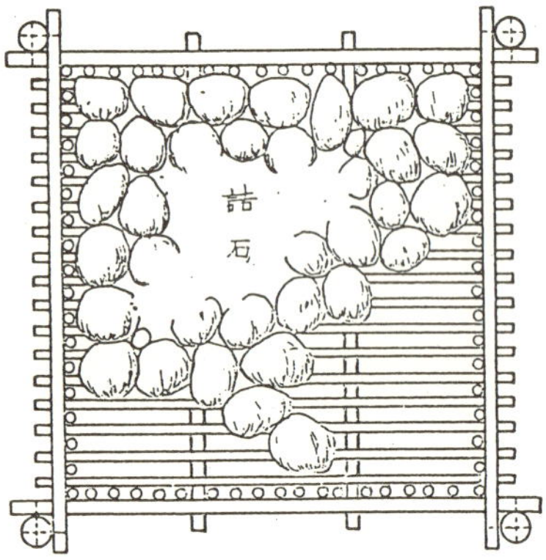

側　　面

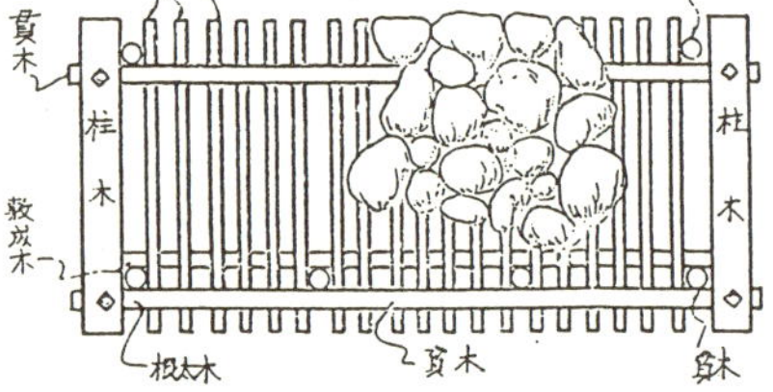

片　　　　枠

正　　面

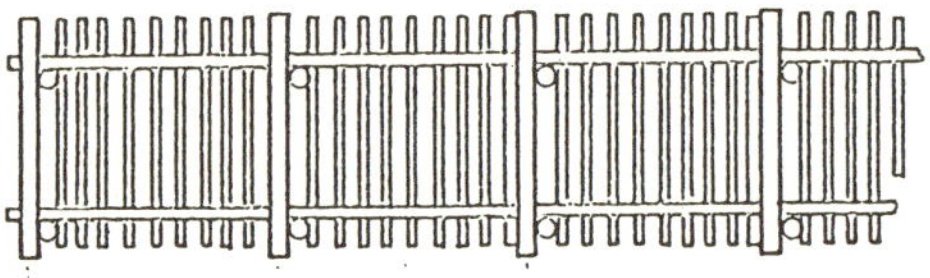

断　　面

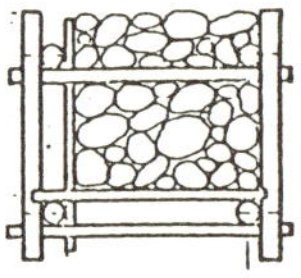

平　　面

蛇篭水制

（達磨篭）

一般平面

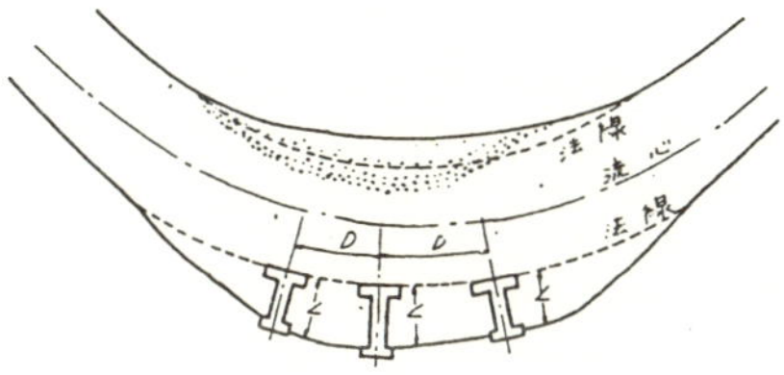

平面

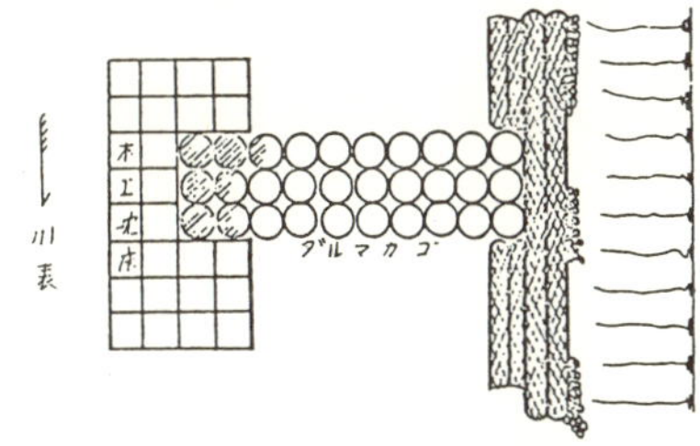

縦断面

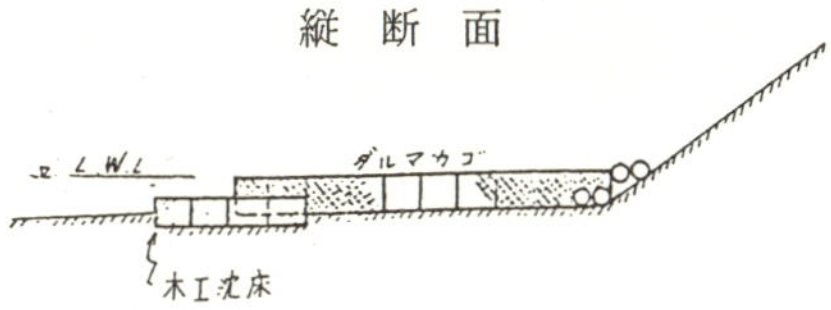

蛇篭水制

平面

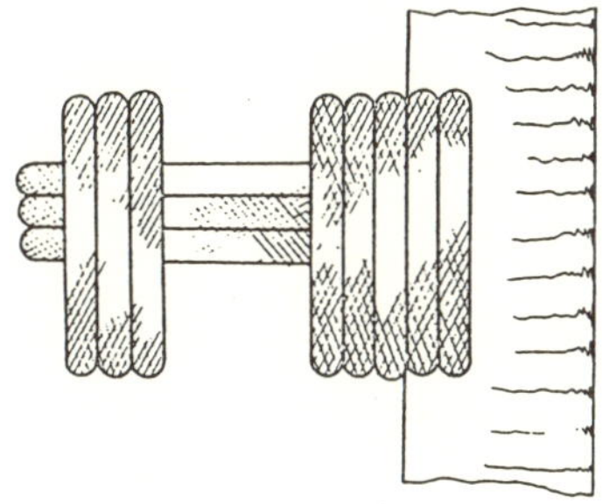

縦断面

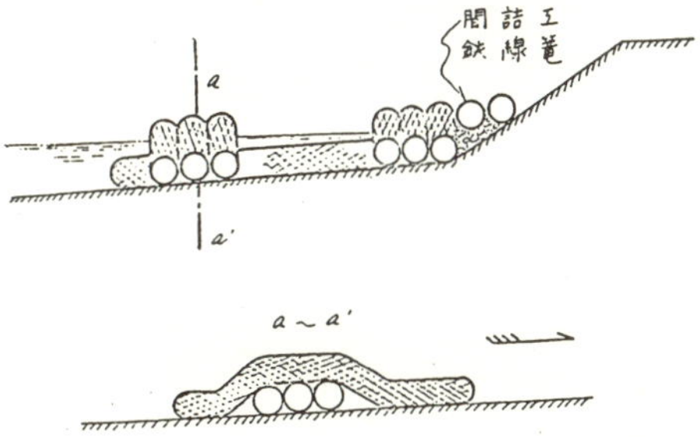

枠水制工

（川倉）

平面

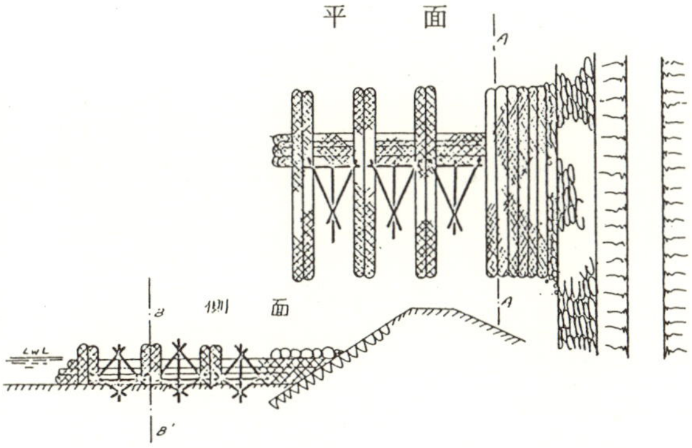

側面

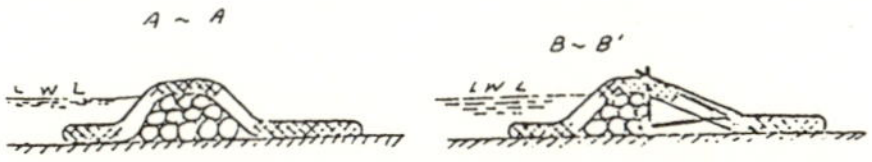

杭出水制工

平面

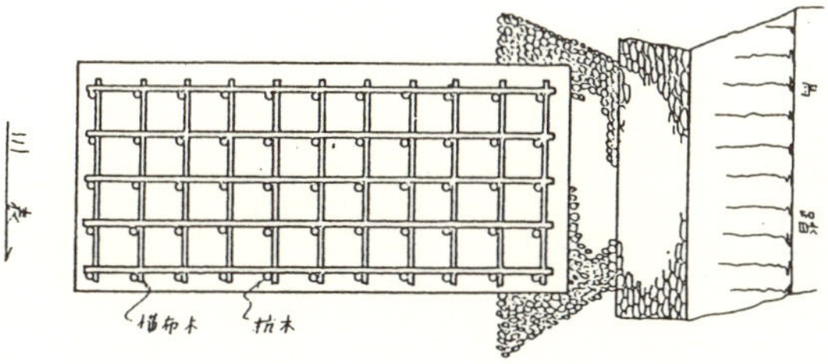

側面

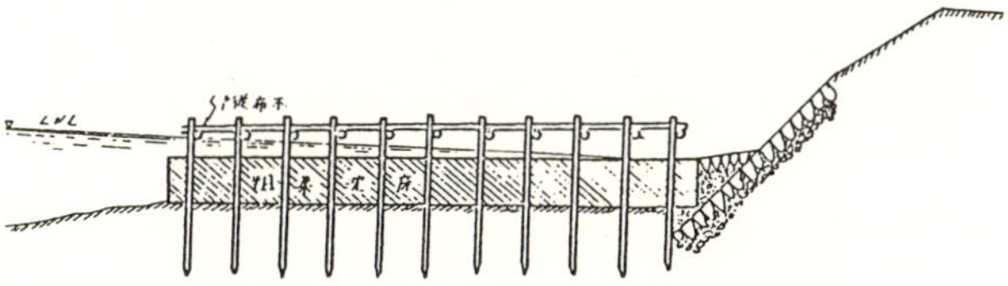

合　掌　枠

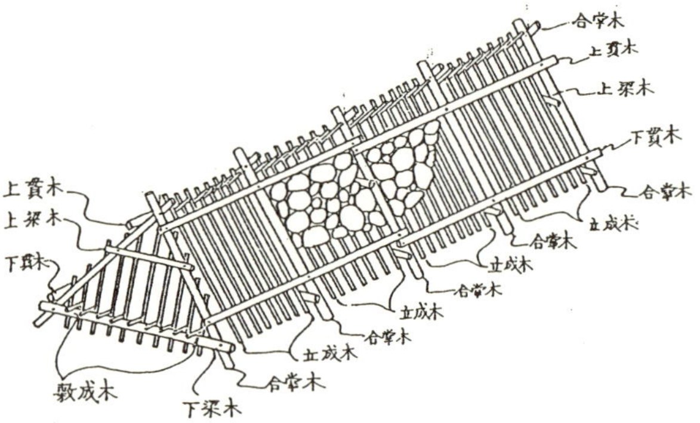

大　川　倉

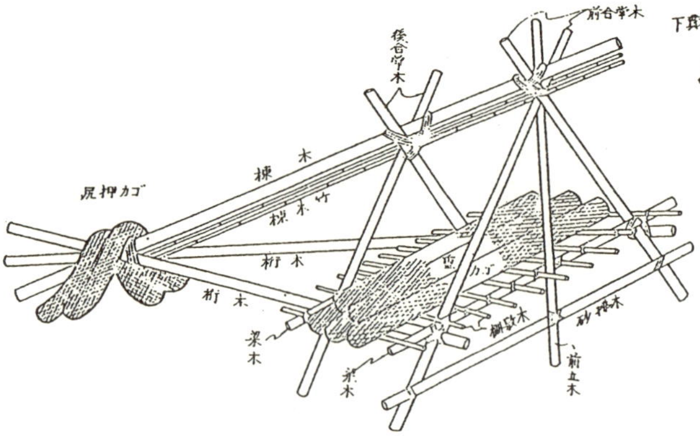

片合掌枠

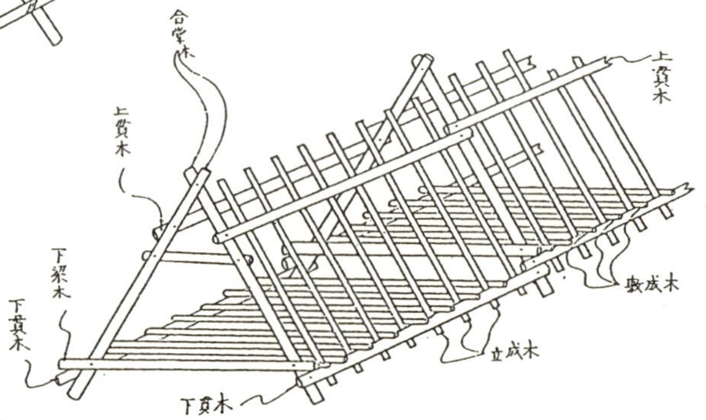

大　聖　牛

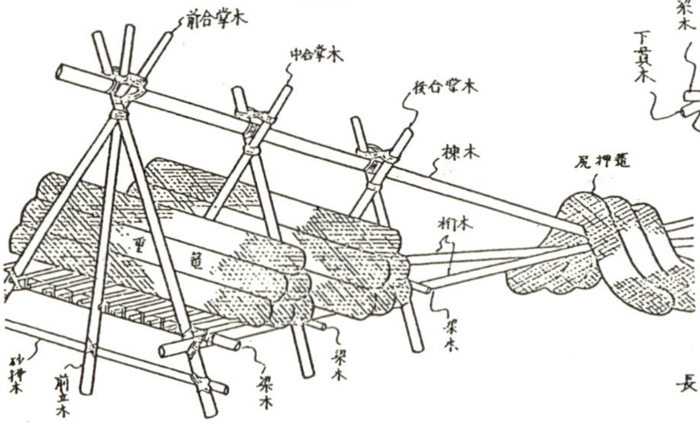

楯　　枠

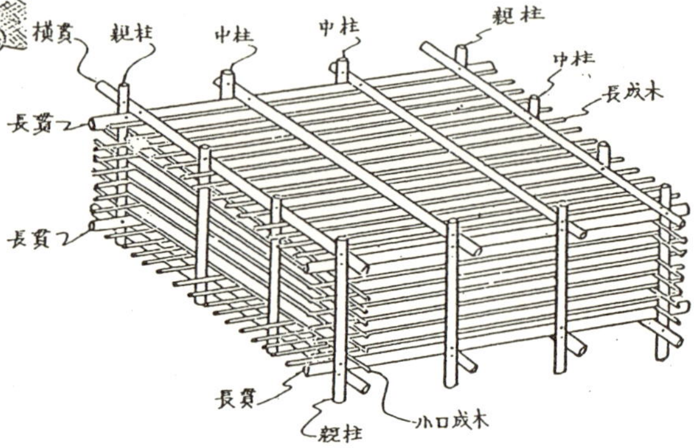

大中菱牛

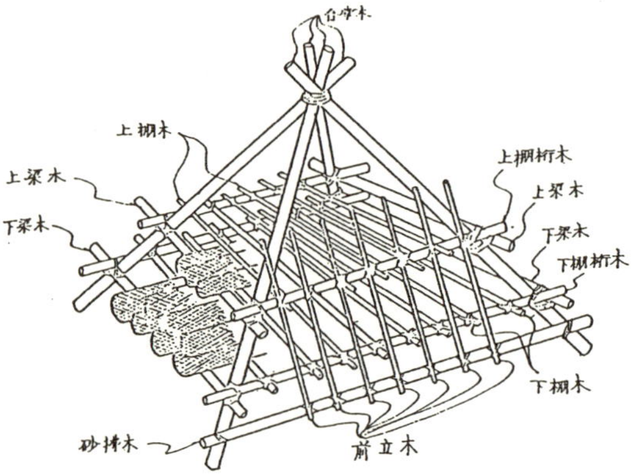

2. 伝統的河川工法の特徴

そもそも、日本の伝統的河川工法は、コンクリートを用いず、木や石など自然素材を組み合わせた多孔質で屈撓を持つ柔構造であり、柳など生きた植物を使用した事例も多い。材料そのものが周囲の河川景観となじみ易い上、構造物全体が河岸や河床の変化に柔軟に順応し、数多い空隙は動物と植物の生命を育てる。

洪水に対して力で立ち向かうのではなく、むしろ、その力を利用して洪水を宥める。結果として、その複雑で多様な構造物が多種類の生きものと緑を育て、生態系に対しても優しい「多自然型」の河川環境を創り出す。河川は元来、流水部以外は植物によって囲まれ、河原は絶えざる土砂の移動と相剋の場であり、緩流河川には草、菅類、急流河川では柳類が育つ。伝統的河川工法は、本来の川の作り出したものを活用した工法であり、自然の摂理にかなっている。

特に、柳は常に表流水に接している場所にでも成育でき、成長が早く、伐採後の萌芽更新力も強い。根系による土の緊縛力が強く、洪水時には水に逆らわず、接地面の流速を低下させて侵食を防ぐなど、治水上のメリットも大きい。緊急時の水防の「木流し」などにも流用でき、挿し木、伏せ木など繁殖力が旺盛で、それぞれの川の特性に応じられる、叢生、低木、高木など多様な種類がある。

(1) 多孔質な河川工法

生態的にみて伝統的河川工法の優れている点は、魚巣ブロックなどと異なり、河床、水際部、河岸に至るまで、隙間の多い構造が連なっていることである。国内における天然素材を用いた施工地点では、概ね多くの水生生物の生息場所となり、ほとんど水際まで柳やヨシなどの植物が生育しているため、陸上の動物にとっても水面との連続性が確保されている。

その中でも、根固めなどに用いられた木工沈床、蛇籠工、巨石を用いた空石積み護岸や水制などの施工地点では、特に多くの魚が確認されている。これらの工法を用いた場合、素材間の空隙の形状が多様で、かつ流速の変化も大きい。したがって、魚は自身の習性に応じた形状の空間あるいは流速帯を選択することが可能となる。つまり、多種多様な生きものが生息できる収容力を有していると言える。また、陸上の小動物にとっても水面への連続性が途切れず、水際に育つ樹木により食物連鎖も確保される。

たとえば、柳技工は自然の素材である石と粗朶で法面を覆うとともに、柳を挿して法面を安定させる工法である。つまり、石と石の間を通って伸びた柳の根が背後の地盤まで入り込み、石をすっぽりと包み込んで石同士を強く結合させ、一体となって法面を守るとともに、柳のしなやかな枝葉によって洪水時には粗度係数を増加させ、流速を弱め、河岸を保護するとともに、法面の土砂流失などを防ぐ。このような柳技工は、河岸に小さな柳の森を創ることにより、鳥類、昆虫類、魚類の生息にとって貴重な空間となり、とくに柳が水面に木陰をつくる魚巣効果も期待され、自然との調和においてもその効果は大きい。

● 矢作川の柳枝工法
（愛知県）

矢作川では、河床低下に伴う護岸改修を実施しており、現在粗朶単床根固柳枝工法および杭出し水制根固柳枝工法を実施している.

（自然と共生する環境をめざして、埼玉県自然環境創造研究会、1992）

粗朶単床根固柳枝工法（標準構造図）

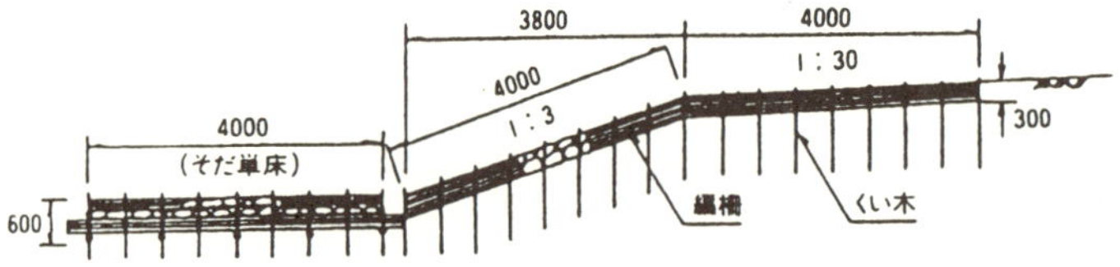

杭出し水制根固柳枝工法（標準構造図）

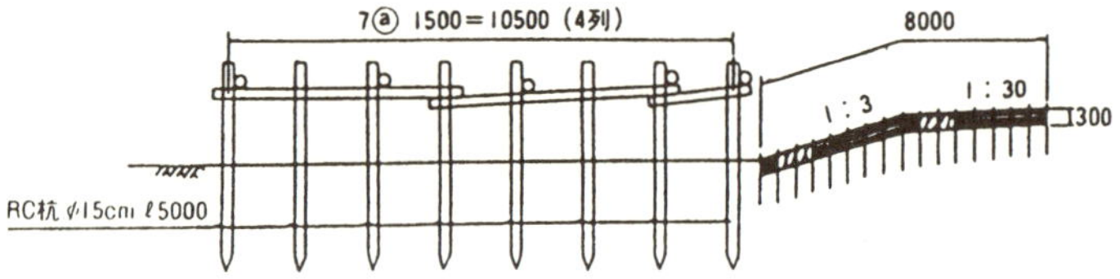

・中流部の上段および緩流部の法覆工に適する.
法勾配1：2〜1：3
・10月から翌年4月の間に施工する.
・ヤナギ類を食草とする昆虫は、ガの幼虫、チョウの幼虫、甲虫類、ハバチの幼虫など、日本では90種類以上があげられる．例えばコムラサキ、ヤナギハムシ、ヤナギルリハムシなど.
・ヤナギが連続している場合は、野鳥の渡りの経路となるとともに、河川を横断するポイントにもなる.
（治水工学、宮本武之輔、1936）

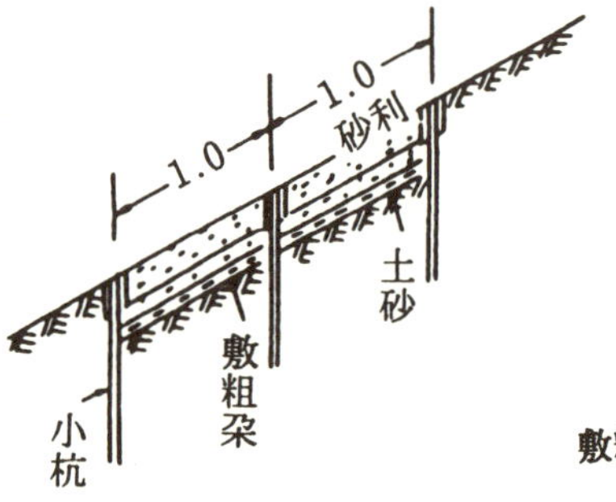

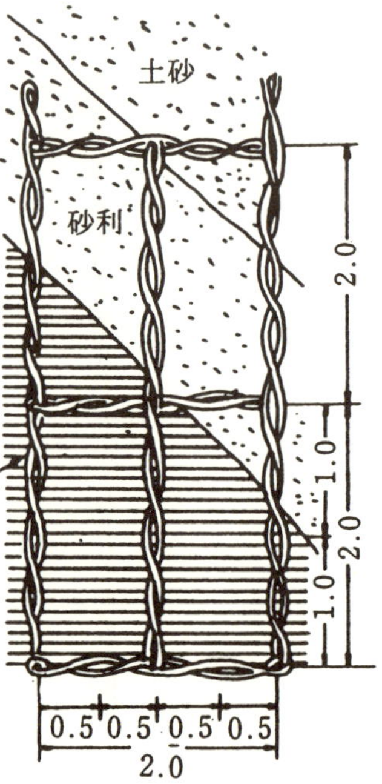

ただ、治水対策上は植物が繁茂し過ぎて河川の有効断面を犯したり、粗度係数を増加させたり、流失する植物が下流に害を与える恐れなどがあり、中小河川では最小限度の管理が要求される。また、生態的には単一品種がはびこって植生の多様化を失わせるなどの心配もあり、あまり手を入れずに、その維持管理については、どの種のどの部分をいつ切り取るのかについては、生態学の専門家のアドバイスが必要であろう。

● 杭柵工及び木工沈床による根固め

杭柵工や木工沈床を採用するだけでなく、淀みをつくるため両側に湾入部を造成、河床に石を設置、人工の淵ををつくるなど河川に変化をもたせる。

・杭柵工 ― 末口12cm、木杭2m間隔で打ち込み、これに末口10cmの木材を組み合わせボルト締めをし、内部に栗石を詰めた。14cmの一連区間の緩流域をつくるため10cm間の凹部を設け、湾入部の大きさは1m程度とした。また、凹部には直径60cm程度の石を配置した。

杭柵工構造図

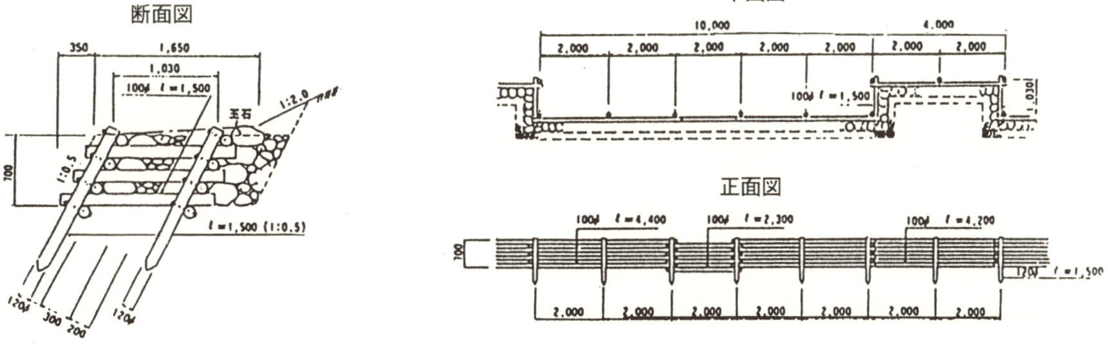

・木工沈床 ― 木工沈床2層に沈石（玉石30kg以上）と、蛇篭（径45cm、長さ6m）を横引きにし流出を防いだ。12mの一連区のなかで凸凹をもたせるために8mの凹部をつくった。

木工沈床構造図

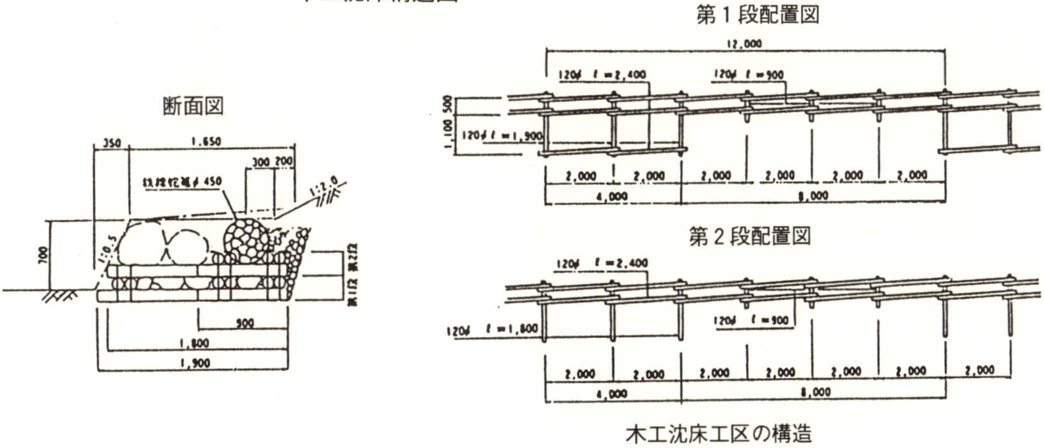

木工沈床工区の構造

（「魚類等の生息に配慮した農具川の改修について」多自然型川づくりシンポジウム講演論文集、小平重登、1991）

●蛇 篭 工

蛇篭は古来より、竹や柳枝等を利用して作られていたが、現在は亜鉛メッキ鉄線となっている．この工法は掘撓性が良く、工法が簡易で工期が短いということで、多くの施工実績を持つが、その耐用年数が10～15年位であることや、現在は施工に多くの人員が必要であるため施工実績が少なくなっている．

しかし、綿材の改良や詰石の機械化、施工および工事より発生するコンクリート塊等の再利用などにより､今後も利用は考えられる．

捨石は、蛇篭鉄線の磨耗防止になる．

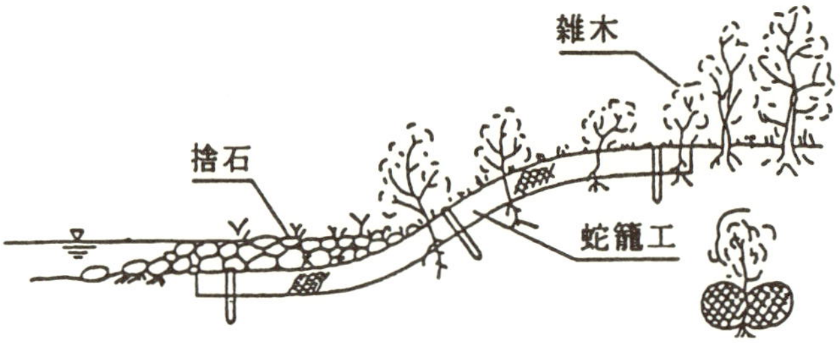

（自然と共生する環境をめざして、埼玉県自然環境創造研究会、1992）

また、蛇籠工、杭柵等の工法が単一化すれば、折角の空隙もまた変化に乏しくなりがちである。しかも狭い空間のみが形成され、内部の流速変化も乏しいため、魚の生息にとっての空間構造が単調になりやすい。このような空間は、ウナギ、エビなどの穴居性のものは生息が可能であるが、多くの遊泳性の魚にとっては必ずしも好適とはいえない。空隙の大きさにも巨石積等による差異をつけ、穴居性のものだけでなく、遊泳魚が隠れるような多少大きな空隙も欲しい。

このように、水中生物の生息に配慮するのであれば、空間の形状、流速に多様性を持たせる必要があり、素材そのものよりは、むしろ構造にポイントを置くことが重要である。これらの空間構造の多様性は、具体的には淵と瀬の問題であり、つまり河岸構造よりもむしろ、水制工の施工によらねばならない。空間構造の多様性とは、水深、流速、河床材料などの川の立体的な変化が求められるからである。

（2）「水制工」による川づくり

河川の景観とは、いかに自然を残すか、いかに自然を再生するかにかかっている。

大事なのは、河床の石ころ一つ、河岸の名もない草木一本にまで眼を向けた水辺空間の確保であり、骨太の河川としての変化に富んだ河岸と河床である。そのためには、河川技術者が営々として築いてきた河川護岸というかけがえのない財産に妙な小細工を施したり、単なる思いつきだけで食い潰す愚は絶対に避けなければならない。

この「水制」は、改修時と同時に施工出来ることは勿論、水衝部の既設護岸に併設して、堤防に激突する奔流をやわらかな流れに変え、洗掘と堆積により多様で生きものにやさしい空間が確保される。つまり、「水制」は全川単純化された護岸に附加するだけで、複雑でより自然に近い景観へ

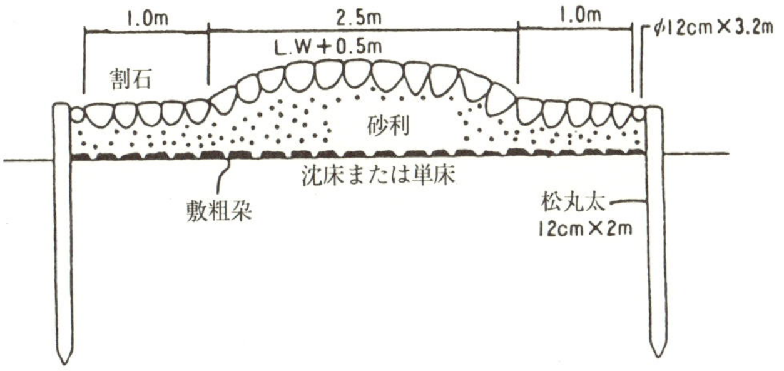

● 木曽川のケレップ水制

（愛知県）

水制は流露を固定するために設けられ、堤防や護岸を直接保護する．

● 水制によってワンドになった事例

水制によってはさまれた区間は、時間とともにワンドとなって魚種が豊富になった．（淀川の事例）

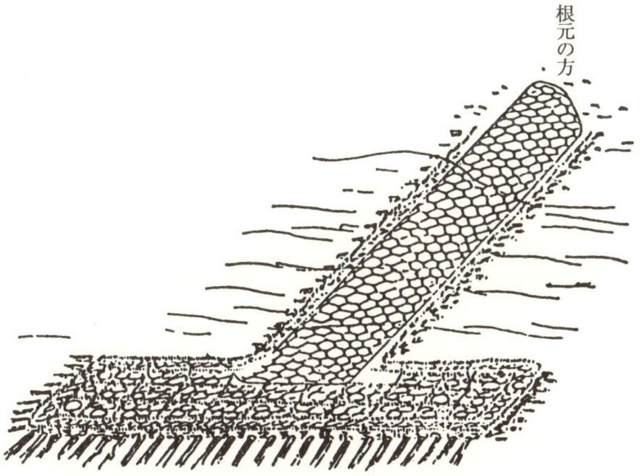

ケレップ水制

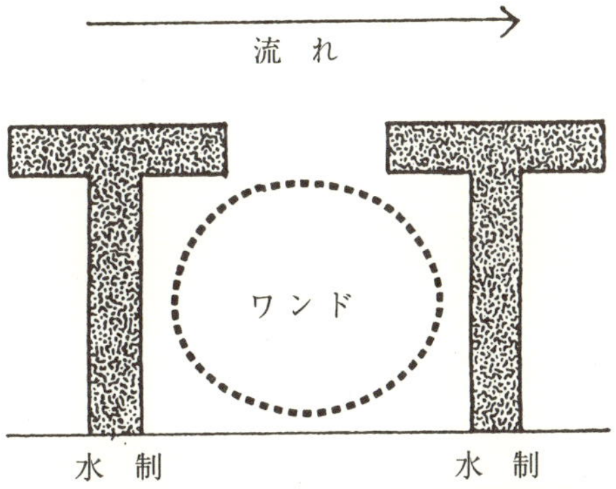

（土木工要録、内務省土木局、1881）

ワンドに生息する主な魚類の空間利用魚類によるすみわけがみられる．

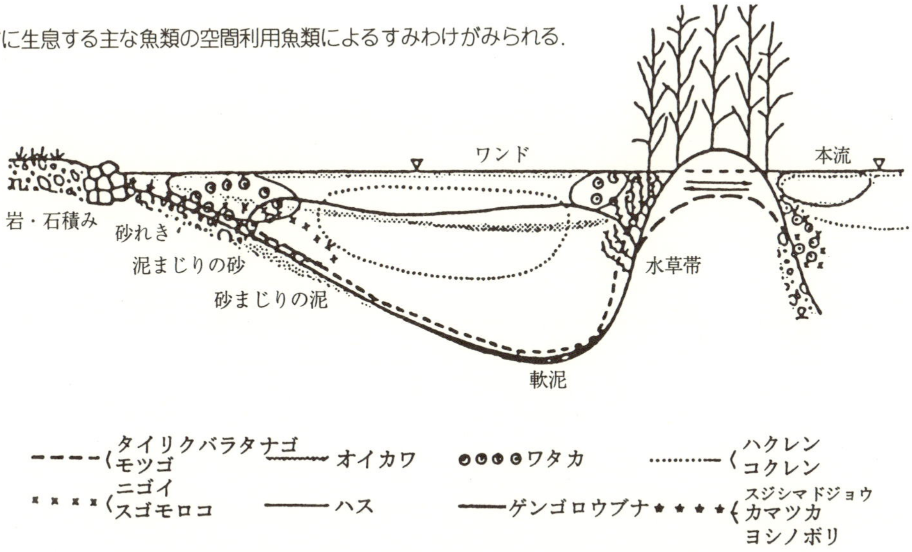

（平成のワンドづくり、多自然型川づくりシンポジウム講演論文集、山根哲郎、1991）

の転換が図られ、護岸にとっても生態的にみても好ましい『魔法の杖』なのである。

治水の天才達の様々な治水戦略の中で、現在ほとんど忘れられてしまった一番大事なこと、それは厄介な洪水を単に早く押しやることではなく、洪水をむしろ踏みとどまらせ、遊ばせて下流への破壊力を減じ、あるいは軟らかく受け流して河岸を守る、この「水制」の思想であると考える。

水制は水をはねつけ、洪水の流速を減殺する。流速の弱まった堆積箇所は、水辺施設を守ると同時に、植物の生育できる隙間となる。そして、たとえば大井川のような河幅に恵まれた河川なら、河川断面上からも無効断面の設定が可能である。柳などの水辺に適した植物で自然再生への植栽ができ、かつ後に植物が繁茂したとしても、伐開や除去は考えなくても良い貴重な自然空間となる。

河川から植生が失われれば、生態系そのものが根底から崩れてしまう。「多自然型川づくり」が従来の「景観」、「親水」と異なるのは、人間の目からだけでなく、魚や昆虫や鳥の目から見ても優しい環境整備である。むしろ生きものにとっては、人間が近づくこと自体が迷惑なこともある。

水制を施工することにより小さな瀬と淵が出来、堆積場所には緑が育ち、陸上と水中への連続性が保たれると同時に、食物連鎖も復活する。つまり、水制一群を施工すれば、局所的とはいえ、それなりに河岸を保護すると同時に単調な景観にインパクトを与え、小さいながらもビオトープを構成する可能性が生まれる。そして、時を経れば生物相も豊かになり、より大きな生態系を育てる夢の出発点となる。

3. 21世紀の川づくりに向けて

「多自然型水辺空間の創造」の目標は、治水上の安全を損なうことなく、水辺本来もっている潤い、安らぎ、詩情豊かな空間、親しみ、想い出、さらには生きとし生けるものの生命を育み、次の世代に確実に手渡していくことにある。

治水の先人たちの治水戦略の歴史と日本独特な自然観に学び、伝統的河川工法に今日的視野から土木工学的検証のみならず、生物学的発想からの工夫を加えることが、真の自然との共生を目指す「21世紀の川づくり」の一方向を指し示しているとは言えないだろうか。

なお、日本の伝統的河川工法の詳細については、別拙書「続・多自然型川づくりへの取り組み（非売品)」に記したが、近々に再編集して刊行する予定なので参考にされたい。

参考文献・資料

建設省河川局、まちと水辺に豊かな自然を（多自然型川づくり)、パンフレット、(社)日本河川協会
建設省河川局、多自然型川づくり、平成3年度実施事例（1991)
(社)日本河川協会、安全な国土基盤と居住環境の形成に向けて（1987)
(社)日本河川協会、わが国の河川・外国の河川（1980)
にほんのかわ、日本河川開発調査会（1995)
RIVER FRONT、(財)リバーフロント整備センター
(財)リバーフロント整備センター 編著、まちと水辺に豊かな自然を、山海堂（1990)
(財)リバーフロント整備センター 編著、まちと水辺に豊かな自然をII、山海堂（1992)
(財)リバーフロント整備センター 編、欧州水辺空間整備事情視察報告書（1991)
(財)リバーフロント整備センター 編、多自然型川づくりシンポジウム講演集
クリスチャン・ゲルディ 著、福留脩文 訳、近自然河川工法の研究、信山社（1994)
杉山恵一、進士五十八 編著、自然環境復元の技術、朝倉書店（1992)
埼玉県自然環境創造研究会、自然と共生する環境をめざして（1992)
(社)全国防災協会、災害復旧工事の設計要領（1991)
いきものまちづくり研究会 編、エコロジカル・デザイン、ぎょうせい（1992)
自然環境復元研究会 編、自然環境復元海外調査報告（1995)
巴川流域快適環境づくり協議会、河川環境マップ（水辺シリーズ／巴川水系)
清水市環境衛生部環境保全課、私たちのくらしと川・巴川
山本建設工業(株)、魚たちが住める清流を取りもどそう（パンフレット)
富士見グリーンエンジニアリソグ(株)、フジミ・ビオトープシステム（パンフレット)
水上悦、静岡生まれ静岡育ち・昭和時代（1992)
静岡県土木部河川課、静岡県のみずべ100選
(社)淡水生物研究所、巴川水生生物調査報告書（1991)
(株)建設技術研究所、巴川環境管理基本計画策定調査報告書（1991)
静岡土木事務所、巴川環境管理基本計画策定（麻機遊水地）調査報告書（1991)
チューリッヒ州河川保護建設局
チューリッヒ市建設局
アーヘン工科大学
バイエルン州水管理局
ローゼンハイム水管理事務所
コブレンツ連邦河川研究所
TOMOE RIVER、静岡県

〈著者プロフィール〉

富 野　　章（とみの　あきら）静岡市生まれ

1940年　静岡市生まれ
1964年　鹿児島大学農学部（農業土木専攻）卒業

1964年　静岡県入庁（土木部河川課）
1991年　　同　静岡土木事務所技監（河川担当）
1992年　　同　島田土木事務所技監兼企画検査課長
1993年　　同　田子の浦港管理事務所所長
1994年　　同　林業水産部・漁港課長
1996年　　同　沼津土木事務所所長
1999年　昭和設計(株) 取締役技師長

技術士（建設環境）
常葉短期大学環境システム研究所客員講師
「日本ビオトープ協会静岡県支部」アドバイザー
「しずおかミティゲーション研究会」アドバイザー
一級土木施工管理技士

主な著書
『多自然型川づくりの取り組み』『日本の伝統的河川工法』『ビオトープの計画と設計』『生きとして生きるものにやさしい道づくり』『終着駅』　他論文多数

本書は、平成5年2月制作の「多自然型川づくりへの取り組み」（著作：富野　章　編集・進藤弘之　ほか）をもとに改訂、加筆、再編集したものである。

多自然型水辺空間の創造
——生きとし生けるものにやさしい川づくり——

2001年(平成13年) 8月30日　　初版発行

著　　者　富野 章
発 行 者　四戸孝治／今井　貴
発 行 所　(株)信山社サイテック
〒113-0033　東京都文京区本郷6－2－10
TEL 03(3818)1084　FAX 03(3818)8530
発　　売　(株)大学図書／東京神田・駿河台
印刷・製本／松澤印刷(株)

ISBN4-7972-2551-3 C3061